Thomas Grund

Entwicklung von Kunststoff-Mikroventilen im Batch-Verfahren

Schriften des Instituts für Mikrostrukturtechnik
am Karlsruher Institut für Technologie
Band 2

Hrsg. Institut für Mikrostrukturtechnik

Eine Übersicht über alle bisher in dieser Schriftenreihe erschienenen
Bände finden Sie am Ende des Buchs.

Entwicklung von Kunststoff-Mikroventilen im Batch-Verfahren

von
Thomas Grund

Dissertation, Karlsruher Institut für Technologie
Fakultät für Maschinenbau
Tag der mündlichen Prüfung: 01. Februar 2010
Hauptreferent: PD Dr. rer. nat. Manfred Kohl
Korreferent: Univ.-Prof. Dr. rer. nat. Helmut Seidel
Korreferent: Prof. Dr. rer. nat. Volker Saile

Impressum

Karlsruher Institut für Technologie (KIT)
KIT Scientific Publishing
Straße am Forum 2
D-76131 Karlsruhe
www.uvka.de

KIT – Universität des Landes Baden-Württemberg und nationales
Forschungszentrum in der Helmholtz-Gemeinschaft

KIT Scientific Publishing 2010
Print on Demand

ISSN: 1869-5183
ISBN: 978-3-86644-496-6

Entwicklung von Kunststoff-Mikroventilen im Batch-Verfahren

Zur Erlangung des akademischen Grades eines
Doktors der Ingenieurwissenschaften
der Fakultät für Maschinenbau des
Karlsruher Instituts für Technologie

genehmigte
Dissertation

von
Dipl.-Ing.
Thomas Grund
aus Aachen

Tag der mündlichen Prüfung: 1. Februar 2010
Hauptreferent: PD Dr. rer. nat. Manfred Kohl
Korreferent: Univ.-Prof. Dr. rer. nat. Helmut Seidel
Korreferent: Prof. Dr. rer. nat. Volker Saile

Vorwort

Die ersten Zeilen dieser Arbeit möchte ich nutzen, um den Menschen zu danken, die maßgeblich zum Gelingen dieser Arbeit beigetragen haben. Ein ganz besonderer Dank geht an meinen Doktorvater Herrn PD Dr. M. Kohl für seine stets konstruktive Kritik und Hilfestellung. In den gemeinsamen Diskussionen fand ich Unterstützung und Anleitung die weit über das Maß hinausgeht, welche man sich als Doktorand wünscht. Herrn Prof. Dr. H. Seidel möchte ich für die Übernahme des Korreferates sowie Herrn Prof. Dr. U. Maas für die Übernahme des Prüfungsvorsitzes danken. Ebenfalls ein ganz besonderer Dank gilt Herrn Prof. Dr. V. Saile für die Übernahme des Korreferats. Seine unermüdliche Unterstützung der Doktoranden am Institut machen umfangreiche Forschungsarbeiten und eine dennoch zeitlich effiziente Promotion erst möglich.

Meinen Mitstreitern Herrn J. Barth, Herrn M. Simon und Herrn D. Auernhammer danke ich für die zahllosen Diskussionen und häufig bis in die Nacht dauernden gemeinsamen Stunden im Labor. Den engagierten Mitarbeitern des Institutes, allen voran den Doktoranden und Studenten, danke ich für die häufig spontane und ausdauernde Hilfe. Herrn Dr. B. Krevet gilt ein besonderer Dank für die Durchführung der FEM-Simulation.

Auch die vielen Teilnehmer und Kollegen des EU-Projektes, insbesondere Herr Prof. Dr. W. van der Wijngaart und Herr S. Braun von der KTH in Schweden, Herr Dr. R. Guerre und Herr Dr. M. Despont von IBM in der Schweiz sowie Herr Dr. R. Jourdain und Herr Dr. S. Wilson von der Cranfield University in England sollen für die beispiellose internationale Zusammenarbeit nicht unerwähnt bleiben.

Meinen Eltern danke ich besonders für die Unterstützung während meiner gesamten schulischen Ausbildung und des Studiums. Insbesondere in den letzten Monaten und während der vielen Dienstreisen hat meine Frau ungezählte Wochenenden und Abende ohne mich verbracht. Ich danke Tina für ihre Unterstützung, Motivation und Verständnis.

Karlsruhe, Oktober 2009   Thomas Grund

Kurzfassung

Mikrosysteme aus Polymeren bieten herausragende Eigenschaften für Anwendungen aus den Bereichen Biotechnologie und Lebenswissenschaften. Sie können kostengünstig hergestellt und ihre Eigenschaften durch Wahl des entsprechenden Polymers individuell auf das System zugeschnitten werden. Die Herstellung von mechanisch aktiven polymeren Mikrosystemen erfordert Aktoren wie zum Beispiel aus piezoelektrischen Keramiken oder Formgedächtnislegierungen. Die Integration dieser so genannten „Smart Materials" ist jedoch durch fertigungsbedingte Prozessinkompatibilitäten zwischen den Materialien und dem Zielsystem begrenzt. Die derzeit einzige Möglichkeit ist eine aufwändige und kostenintensive Einzelfertigung, welche häufig eine Markteinführung des Systems verhindert. Die vorliegende Arbeit stellt anhand eines Formgedächtnis-Mikroventils beispielhaft die Fertigung mechanisch aktiver Mikrosysteme auf Polymerbasis im Batch-Verfahren dar. Die entwickelten Verfahren ermöglichen die Integration von Materialien, die durch monolithische Fertigungstechnologien nicht möglich ist.

Abstract

Polymer based microsystems offer outstanding properties for biomedical and life science applications. They can be fabricated cost efficiently and by adapting the polymer, custom-tailored system properties are possible. For mechanically active microsystems, actuators made e.g. from piecoelectric ceramics or shape memory alloys are required. The integration of such so called "smart materials" is hampered by various fabrication process incompatibilities between the actuator materials and the target system. Up to now, the only solution is a time-consuming and costly pick-and-place assembly, which often prevents the introduction of these systems to the market. The present work shows the exemplary batch fabrication of active polymer microsystems on the basis of a shape memory microvalve. The developed technologies allow the integration of materials which is not feasible by means of monolithic fabrication.

Inhaltsverzeichnis

1 Einleitung

1.1 Motivation

Im Jahr 1965 prognostizierte Gordon E. Moore, dass es zehn Jahre später möglich sei, 65.000 Elektronikbauteile auf einem Siliziumchip von etwa 6 mm^2 unterzubringen [1] und stützte sich dabei auf empirische Zahlen der vergangenen Jahre. Bald wurde Moores Aussage unter dem Begriff „Moores Law" bekannt und es wurde auch für die Zukunft eine Verdoppelung der Leistungsfähigkeit von Computerchips alle 18 Monate vorausgesagt. Kritiker waren der Meinung, dass diese Aussage irgendwann an ihre Grenzen stoßen würde, doch immer ausgereiftere Fertigungsmethoden und Technologien haben diese Regel im Grundsatz bis heute bestätigt. Im Bereich der Mikroelektronik ist bereits von „beyond Moore" die Rede [2, 3]. Strukturgrößen im zweistelligen Nanometerbereich sind bereits heute in Hauptprozessoren für Personalcomputer des Consumer-Bereiches enthalten.

Im Bereich digitaler Projektionssysteme (DLP-Spiegelsysteme [4]) oder in Beschleunigungssensoren für die Airbagauslösung und für ABS-Systeme im Automobil-Bereich sind vor allem siliziumbasierte Produkte der Mikrosystemtechnik in unserem täglichen Leben angekommen.

Waren vor einigen Jahren noch die Vertreter der verschiedenen Mikrostrukturierungsverfahren wie z.B. Si-Volumenmikromechanik, Si-Oberflächenmikromechanik, Polymer- oder Feinwerktechnik noch der Meinung, dass ihre Technologie die einzig zielführende und „wahre" sei, so dürfte mittlerweile jedem klar sein, dass sich durch geschickte Kombination der verschiedenen Technologien die Mikrosystemtechnik optimal ausschöpfen lässt [5].

Insbesondere im Bereich aktiver und auf Polymeren basierenden Mikrosystemen kann jedoch von einer breiten Markteinführung noch keine

Rede sein. Zwar existiert eine Reihe hochinteressanter Materialien – wie piezoelektrische Keramiken und Formgedächtnislegierungen, die bei entsprechender Integration den Mikrostrukturen zusätzliche Funktionen wie Sensor- und/oder Aktoreigenschaften ermöglichen – die bis dato kostspielige Pick-and-Place Montage der Systeme verhindert aber meist noch deren Durchbruch in den Markt. Ähnlich wie in der „IC-Welt" sind die einzelnen Prozessschritte kostenintensiv. Die Möglichkeit der Parallelfertigung bricht diese im Fall der Halbleiterindustrie aber auf viele Einzelchips herunter und ermöglicht so letztendlich von Endkunden akzeptierte Preise für hochkomplexe Systeme.

Die am Forschungszentrum Karlsruhe, Institut für Mikrostrukturtechnik über die vergangenen ca. 10 Jahre entwickelten Mikroventile zeigen hinsichtlich ihrer Leistungsfähigeit bezogen auf die Kombination von Baugröße, Durchfluss und Betriebsdrucks ein vielversprechendes Konzept. So konnten neben der ganz am Anfang stehenden Idee eines durch eine Formgedächtnislegierung (FGL) angetriebenen aktiven Mikroventils, vielfältige Varianten als Demonstratoren aufgebaut werden [6–11]. Es exisitieren umfangreiche Ergebnisse zu normally-open und normally-closed Ventiltypen. Mittlerweile kann ein breiter Druck- und Durchflussbereich abgedeckt werden und neben der Anpassung an unterschiedliche Betriebstemperaturen, wurde in jüngster Zeit auch die Möglichkeit eines bistabilen Ventils [12] untersucht.

Alle Demonstratoren entstanden im Labormaßstab in aufwändiger Einzelfertigung und auf der Basis eines jeweils individuellen Pick-and-Place Prozesses. Diese Vorgehensweise kommt für eine industrielle Fertigung nicht in Frage, da der Markt die hohen Fertigungskosten nicht akzeptieren würde. Wie sich im Laufe dieser Arbeit zeigen wird, sind viele Fertigungschritte jedoch nicht miteinander kompatibel. So benötigen beispielsweise die verwendeten Formgedächtnislegierungen einen Temperschritt über 30 Minuten bei 823 K, was jedoch die Geometrie der verwendeten polymeren Mikrostrukturen zerstören würde. Ein weiteres Problem stellen Diffusionsvorgänge zwischen Legierung und Substrat während des Temperschritts dar, da diese den Formgedächtniseffekt abschwächen oder gar verhindern. Weiterhin werden die Mikroaktoren in einem nasschemischen Ätzschritt strukturiert, welcher auch viele andere Metalle angreift. Es ist somit nicht ohne weiteres möglich, die Ventilgehäuse aus Metall zu fertigen, um die Problematik des Temperns zu umgehen. Diese drei Beispiele zeigen anschaulich die zum Teil recht grundlegenden Probleme beim Aufbau von hybriden Mikrosystemen. Als Lösung verbleibt eine getrennte Fertigung der hinsichtlich ihrer Prozessierung inkompatiblen Komponenten und eine spätere Integration. Es müssen folglich Technologien entwickelt werden, die zunächst eine getrennte Prozessierung der Materialien und eine spätere Integration auf Waferebene erlauben.

1.2 Projektrahmen

Auch die Europäische Komission hat die Bedeutung der Entwicklung von Integrationstechniken, wie im vorhergehenden Kapitel erläutert, erkannt. Im Rahmen des sechsten Rahmenprogramms wurde das Projekt mit dem Titel „High **Quality** Materials **to** **M**icrosystems" mit dem Akronym „**Q2M**"[1] ins Leben gerufen. Das Projektbudget liegt bei über 4,7 Millionen Euro (davon 3,2 Millionen durch die EU gefördert). Ziel des Projektes ist, die Parallelfertigung aktiver Mikrosysteme durch neue Integrationstechniken und die Entwicklung neuartiger Aktoren zu ermöglichen [13]. Insgesamt sind 12 Projektpartner beteiligt, sieben davon aus dem Bereich universitärer und außeruniversitärer Forschung sowie fünf Industriepartner (siehe Tabelle 1.1). Das Gesamtprojekt ist in drei Anwendungsgebiete aufgeteilt:

- Hochfrequenz-MEMS (Antennen, Phasenschieber, Filter, Schalter)

- Mikrospiegelarrays (SLM[2])

- Mikroventile

Die vorliegende Arbeit wurde im Rahmen dieses Projektes durchgeführt und findet sich im Bereich Mikroventile wieder. Sie stellt auch den Fokus der Arbeiten des Forschungszentrum Karlsruhe GmbH (FZK), Institut für

---

[1](No. 027926), FP6 - IST Call 4
[2]Spatial Light Modulator

Mikrostrukturtechnik (IMT) für das Projekt dar. Weitere Projektpartner aus dem genannten Anwendungsgebiet beschäftigen sich mit Mikroventilen auf Siliziumbasis, piezoelektrischen Aktoren und FGL-Composites (siehe Tabelle 1.2). Die Arbeiten am Institut für Mikrostrukturtechnik basieren auf dem bereits eingangs erwähnten Konzept eines Polymer-Mikroventils mit Formgedächtnisantrieb.

1.3 Zielsetzung

Die vorliegende Arbeit befasst sich mit der Entwicklung neuer Prozessabläufe für die Parallelfertigung von polymeren Mikrokomponenten bei gleichzeitiger Integration so genannter „Smart Materials". Um die bereits erwähnte Kostenproblematik zu lösen, liegt das Hauptaugenmerk der Arbeit auf Batch-kompatiblen Prozessabläufen. Im Detail werden:

- die Marktanforderungen für ein kommerziell interessantes Mikroventil auf Polymerbasis ermittelt,

- die durchflussbestimmenden Ventil- und Aktorgeometrien bestimmt,

- die Aufbau- und Verbindungstechniken für Fertigungsabläufe auf Waferebene entwickelt, sowie die

- entsprechenden Schnittstellen definiert,

- Mikroventile nach den entwickelten Prozessschemata gefertigt und

- die gefertigten Mikroventile charakterisiert.

1.4 Aufbau der Arbeit

Das erste Kapitel hat zunächst die Motivation, den Rahmen und das Ziel der Arbeit dargelegt. Im zweiten Kapitel werden die Grundlagen der verwendeten Technologien erläutert. Dabei wird sowohl auf Fertigungsmethoden, Materialien und deren Effekte, als auch auf die verwendeten Charakterisierungsmethoden eingegangen. Kapitel drei stellt den Stand der Technik dar

Forschungseinrichtung	*Abkürzung*	*Land*
Royal Institute of Technology	KTH	Schweden
Cranfield University	CRU	Großbritanien
Katholieke Universiteit Leuven	KUL	Belgien
Forschungszentrum Karlsruhe GmbH	FZK	Deutschland
Fraunhofer-IPMS	IPMS	Deutschland
IBM Research GmbH	IBM	Schweiz
VTT Technical Research Centre of Finland	VTT	Finnland
Industriepartner		
20/10 Perfect Vision	10/10PV	Deutschland
Pondus Instruments AB	Pondus	Schweden
Steinbeis Transfer Centre ASICON	ASICON	Deutschland
LK Products OY	LK	Finnland

Tabelle 1.1: Das „Q2M" Konsortium: Sieben Forschungseinrichtungen sowie vier der insgesamt fünf Industriepartner (die aufgeführten Abkürzungen beschränken sich auf die Verwendung innerhalb dieser Arbeit).

Projektpartner	*Expertise*
KTH	siliziumbasierte Mikroventile nach dem Plattenschieber-Prinzip
CRU	piezoelektrische Mikroaktoren
FZK	polymerbasierte Membran-Mikroventile mit Ventilsitz
IBM	Transfertechnologien
Pondus	Hersteller von Ventilen für die Lebensmittel- und Pharmaindustrie
ASICON	Technologietransfer-Unternehmen für den asiatischen Raum

Tabelle 1.2: Die Projektpartner des Teilbereichs „Mikroventile" und ihre eingebrachte Expertise.

und bildet somit den Ausgangspunkt der untersuchten und entwickelten Verfahren. Im vierten Kapitel wird die Auslegung der FGL-Mikroventile hinsichtlich der Designregeln der Aufbau- und Verbindungstechnik erklärt. Die Parallelfertigung, damit verbundene Untersuchungen und entwickelte Technologien sowie Prozessabläufe sind in Kapitel fünf dargestellt. Kapitel sechs befasst sich mit der Charakterisierung hergestellter Demonstratoren hinsichtlich ihres statischen und dynamischen Verhaltens. Die Arbeit endet mit einer Zusammenfassung und einem Ausblick in Kapitel sieben.

2 Grundlagen

2.1 Strukturierungsverfahren in der Mikrosystemtechnik

2.1.1 Silizium-basierte Mikromechanik

Silizium-Volumenmikromechanik

Die Si-Volumenmikromechanik (auch Bulk-Mikromechanik genannt) gehört zu den ältesten Verfahren, welche speziell für die Strukturierung von Silizium-basierten Mikrosystemen entwickelt wurde. Sie ist in kommerziell erhältlichen Systemen weit verbreitet und wird vor allem für unbewegliche Elemente und Strukturen verwendet [14]. Wesentliches Strukturierungswerkzeug ist das anisotrope Ätzen von Silizium. Als Basis dienen einkristalline Wafer der Kristallorientierung <100> und <110>. Durch anisotropes Ätzen werden bestimmte Kristallrichtungen stark angegriffen, andere hingegen deutlich weniger. Hierdurch lassen sich unter Beachtung gewisser Layoutregeln [15] im Falle der <100> Orientierung pyramidenartige Vertiefungen erzeugen (siehe Abbildung 2.1). Angewendet wird das Verfahren beispielsweise bei der Herstellung freistehender Brücken oder Balkenstrukturen (siehe Abbildung 2.2). Zur Steuerung des Ätzvorganges lassen sich Stoppschichten und Ätzmasken aus z.B. Siliziumoxid oder Siliziumnitrid nutzen. Übliche Ätzlösungen sind Kalilauge (KOH), Ethylendiamin-Pyrocatechol (EDP) und Tetramethylammonium-Hydroxid (TMAH). Typische Anwendung findet das Strukturierungsverfahren in der Herstellung von Düsen, Drucksensoren und hochempfindlichen Beschleunigungssensoren.

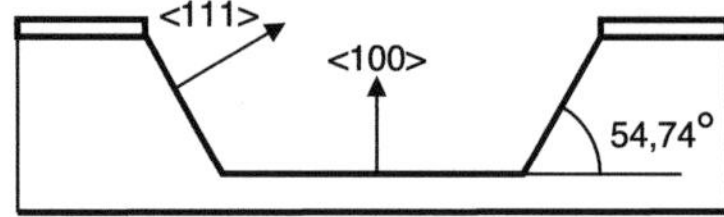

Abbildung 2.1: Schema einer anisotrop geätzten Si-Struktur (hier nicht vollständig geätzt, da noch freiliegende <100> Ebene vorhanden) in Seitenansicht.

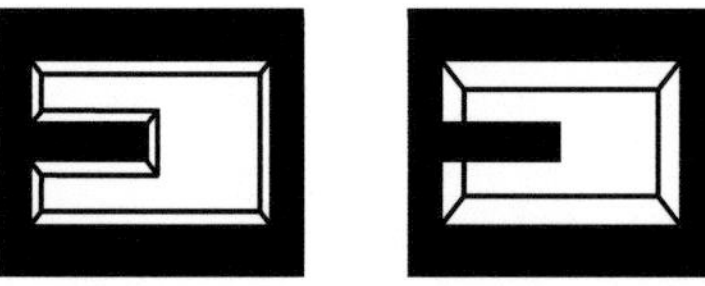

Abbildung 2.2: Schemata eines anisotrop geätzten freistehenden Balkens. Links noch nicht vollständig freigeätzt. Rechts vollständig unterätzt und somit freistehend.

Silizium-Oberflächenmikromechanik

Die Si-Oberflächenmechanik lehnt sich stark an die in der Mikroelektronik verwendeten Prozesse an. So wird beginnend mit einem Substrat, welches häufig aber nicht zwingend ein Siliziumwafer ist, das System in mehreren Schichten aufgebaut. Eine typische Abfolge beginnt mit dem Aufbringen und strukturierten einer Opferschicht. Darauf folgend wird eine Funktionsschicht wie beispielsweise eine Metall- oder Oxidschicht abgeschieden und ebenfalls strukturiert. Abschließend wird die Opferschicht entfernt. Viele Prozesse sind CMOS-kompatibel, was die Herstellung von mechanischen Strukturen und elektronischen Komponenten auf dem selben Substrat ermöglicht [14]. Typische Anwendungen finden sich in Drehratensensoren und Sensoren für große Beschleunigungen, wie sie beispielsweise für das Auslösen des Airbags in Automobilen benötigt werden.

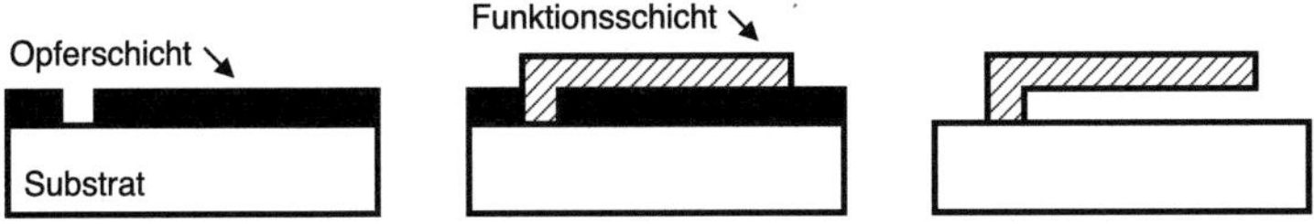

Abbildung 2.3: Schema Surface-Micromachining.

2.1.2 Kunststoff-basierte Mikromechanik

Von steigendem Interesse sind Mikrosysteme aus Kunststoff. Sie bieten je nach verwendetem Polymer Biokompatibilität, sind gegen Chemikalien resistent und bei einer gleichzeitig großen Formfreiheit kostengünstig herzustellen. Unter dem Begriff „Lab-on-Chip" bekannte Systeme setzen auf diese Vorteile. Durch die breite Auswahl an Kunststoffen lässt sich z.B. die geplante Analyse unter optimalen Bedingungen durchführen. Entsprechende Replikationsverfahren [16] erlauben die Herstellung der Kunststoffstrukturen in großen Mengen und so die Nutzung von Einmalchips. Insbesondere für Point-of-Care Anwendungen, bei denen keine aufwändigen Desinfektionsgeräte zur Verfügung stehen und auch der finanzielle Rahmen für Laborgeräte bei zeitlich geringer Nutzung begrenzt ist, bieten diese Systeme einen großen Vorteil.

Rapid Prototyping

Für den Prototypenbau und kleinste Serien eignen sich Verfahren, die unter dem Begriff „Rapid Prototyping" zusammengefasst werden. Häufig können direkt aus den dreidimensionalen Daten einer CAD-Datei die Bauteile hergestellt werden. Da die Fertigungsverfahren sehr vielfältig sind, soll hier exemplarisch die Technologie der Stereolithographie und des Lasersinterns erläutert werden.

In der Stereolithographie wird ein Bad aus unter UV-Licht aushärtendem Kunststoff verwendet. Dabei wird das zu erzeugende Bauteil Schicht für Schicht durch einen Laser geschrieben und nach jeder Schicht um den Betrag der Schichtdicke weiter in das Kunststoffbad abgesenkt. Beim so genannten „3D-Printing" wird der Kunststoff direkt mit einer Art Tintenstrahldrucker ebenfalls schichtweise aufgebaut. Während der Herstellung zunächst freistehende Strukturen können hierbei mit Hilfe von Stützstrukturen positioniert werden. Diese Stützstrukturen werden ebenfalls von einer weiteren Düse im Druckkopf erzeugt und bestehen meist aus Wachs, welches später leicht durch Erwärmung entfernt werden kann [17].

Nicht auf Polymere beschränkt ist das „Lasersintern". Mit diesem Verfahren lassen sich Keramiken, Metalle, Kunststoffe und Strukturen aus Glas herstellen. Dabei wird jeweils eine Lage Pulver aufgetragen und selektiv mit einem Laserstrahl gesintert. Dieser Vorgang wird mehrfach wiederholt, bis das gewünschte Bauteil entstanden ist.

Mikrofräsen

Im Bereich der Kunststoffbearbeitung ist das „Mikrofräsen" ebenfalls eher für Prototypen und kleine Serien geeignet. Dabei wird ein Halbzeug des gewünschten Polymers durch spanabhebende Bearbeitung in die gewünschte Form gebracht. Vorteilhaft sind die große Freiheit bei der Wahl des Materials sowie niedrige Rüstzeiten, da wie bei den Verfahren des Rapid Prototyping keine Formen oder Ähnliches notwendig sind. So werden im Rahmen dieser Arbeit Teststrukturen aus Kunststoff mittels Mikrofräsen hergestellt.

Die Formeinsätze für das hier verwendete Heißprägeverfahren werden ebenfalls durch dieses Verfahren gefertigt (siehe Abbildung 2.4). Für die Bearbeitung von Metallen kommen dabei Hartmetall- oder diamantbesetzte Fräser mit hohen Drehzahlen zum Einsatz, um die notwendige Schnittgeschwindigkeit trotz des geringen Durchmessers der Werkzeuge von teilweise weniger als 200 µm zu erreichen.

Spritzgießen

Das Spritzgießen ist die industriell am weitesten verbreitete Methode der Kunststoffreplikation. Besonders die kurzen Zykluszeiten und der

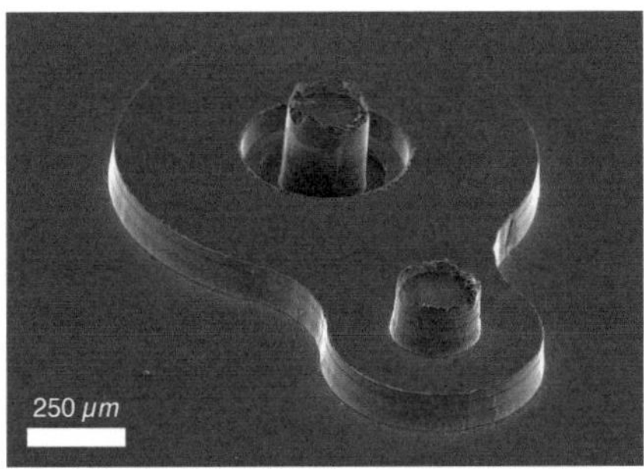

Abbildung 2.4: Mittels Mikrofräsen hergestellte Struktur für das Heißpräge-verfahren in einem Formeinsatz aus Kupfer. Der Durchmesser der freistehenden Säulen beträgt 200 µm.

hohe Grad der Automation machen das Verfahren für die Fertigung großer Stückzahlen rentabel. Für kleine Stückzahlen ist es aufgrund der hohen Kosten der Formen uninteressant. Meist durch Fräsen hergestellte Formeinsätze werden mit aufgeschmolzenem Kunststoffgranulat unter Druck befüllt. Um alle Details bei sehr kleinen Strukturen zu füllen, muss die Form vorher evakuiert oder/und mit unterschiedlicher Temperatur beim Füllen und Entformen variotherm betrieben werden [18]. Um besonders kleine Strukturen vollständig füllen zu können, sind auch häufig mehrere Angusspunkte und damit ein großes Angussvolumen notwendig [19]. Ein Nachteil für die Replikation optischer Elemente sind die meist hohen Spannungen im Material, welche durch die langen Fließwege entstehen. Als Alternativen bieten sich das Spritz- und Heißprägen an.

Spritzprägen

Beim Spritzprägen wird zunächst verflüssigter Kunststoff in ein leicht geöffnetes Formwerkzeug eingespritzt. Darauf folgend wird die Form vollständig geschlossen und die Strukturdetails gefüllt. Die kurzen Fließwege und somit geringen Scherkräfte ermöglichen spannungsarme Kunststoffbauteile. Auch die Replikation sehr flacher Strukturen sind mit diesem Verfahren möglich. Da die Bauteile aufgrund der geringen Eigenspannungen auch für optische Anwendungen geeignet sind, finden sich typische Anwendungsfelder in der Herstellung von Kunststofflinsen und optischen Datenträgern wie CDs und DVDs [20]. Bei unbeheizt betriebenen Formen sind die maximalen Aspektverhältnisse jedoch begrenzt. Als Alternative ist das Heißprägeverfahren, häufig auch in Kombination mit der LIGA-Technik (siehe Seite 14) zu nennen.

Heißprägen

Das Heißprägen ermöglicht für den Bereich der Forschung und Entwicklung schnelle Ergebnisse, da die benötigten Formeinsätze einfach (zum Beispiel mittels Mikrofräsen) und somit kostengünstig herzustellen sind. Ein weiterer Vorteil ist die Möglichkeit des schnellen Wechsels des verwendeten Polymers. Im Gegensatz zum Spritzguss- und Spritzprägeverfahren, liegt das Kunststoff-Halbzeug als Platte oder Folie vor und wird in dieser Form in die Maschinen eingelegt. Folglich entfällt beim Wechsel des Kunststoffes ein aufwändiges Reinigen der Plastifiziereinheit, in welcher der Kunststoff beim Spritzguß- oder Spritzprägeverfahren aufgeschmolzen wird. Aufgrund der verhältnismäßig langen Zykluszeiten beim Heißprägen kommen für größere Stückzahlen jedoch meist Spritzguß- oder Spritzprägeverfahren zum Einsatz. Den größten Vorteil bietet das Heißprägen jedoch für die Replikation optischer Komponenten sowie großformatiger, dünner Substrate. Aufgrund der kurzen Fließwege enstehen im Gegensatz zum Spritzguss nur geringe Spannungen im Material, was für lichttechnische Anwendungen wie zum Beispiel in der Mikrooptik von Interesse ist. Auch ist das Füllen kleinster Strukturdetails auf großen Formeinsätzen aufgrund der kurzen Fließwege leicht möglich [21]. Insbesondere letzteres macht das Heißprägen für die Herstellung großformatiger Substrate und somit für die Herstellung von Kunststoff-Mikrosystemen auf der Waferebene attraktiv [22].

Die Abbildungen 2.5 und 2.6 zeigen den Ablauf des Heißprägeprozesses. Zunächst wird ein Kunststoff-Halbzeug in die Maschine eingelegt, in der sich im Fall des einseitigen Prozesses ein mikrostrukturierter Formeinsatz

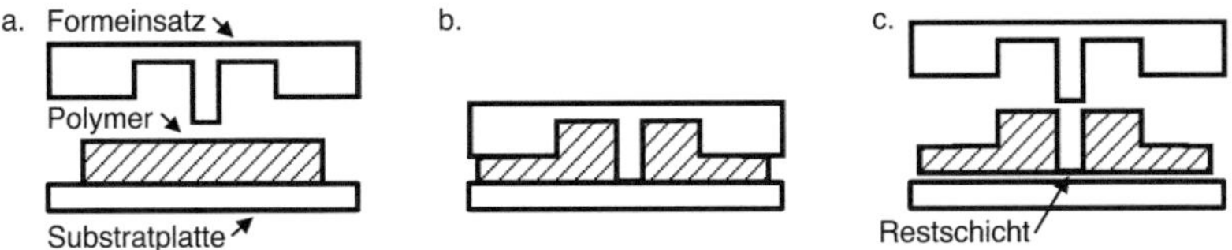

Abbildung 2.5: Prozessablauf des Heißprägeverfahrens

und eine Substratplatte befinden. Die Prägekammer wird geschlossen und evakuiert, um Lufteinschlüsse während des Prozesses zu verhindern. Der Formeinsatz sowie das Substrat werden mit dem Halbzeug durch weiteres Zusammenfahren der Werkzeuge in Kontakt gebracht und eine geringe so genannte „Antastkraft" aufgebaut (Abbildung 2.6 a). Dies gewährleistet eine gute thermische Kopplung und ein gleichmäßiges Aufschmelzen des Polymers. Durch weiteres Beheizen wird der Kunststoff erwärmt, bis er die Umformtemperatur erreicht hat. Anschließend wird die Prägekraft aufgebracht (b). Während der folgenden Wartezeit (c) und Abkühlphase (d) wird die Prägekraft aufrecht erhalten, um zuerst die vollständige Befüllung des Formeinsatzes sicher zu stellen und während des Abkühlens die Bildung von Einfallstellen durch Schrumpf zu verhindern. Die Entformung durch Auseinanderfahren von Formeinsatz und Substrat (e) ist der letzte Schritt, bevor das geprägte Bauteil entnommen werden kann. Durch Aufrauhen der Substratplatte sowie geschickte Wahl der Entformtemperaturen von Substratplatte und Formeinsatz kann eine Haftung des Polymers im diesem verhindert werden [23].

Während des Heißprägens verbleibt prozessbedingt eine Restschicht zwischen Substratplatte und Formeinsatz, so dass Durchgangslöcher, wie sie beispielsweise für fluidische Mikrobauteile benötigt werden, nicht ohne weiteres möglich sind. Ebenfalls sind schmale und tiefe Kanäle sowie Löcher im abgeformten Bauteil nur begrenzt realisierbar, da der Formeinsatz entsprechend der negativen Form fragile Stege und nadelförmige Stukturen aufweisen muss. Durch doppelseitiges Heißprägen, also durch die Verwendung von zwei strukturierten Formeinsätzen lässt sich die Höhe der kritischen Strukturelemente verringern (siehe Abbildung 2.7). Das Prägen von Durchgangslö-

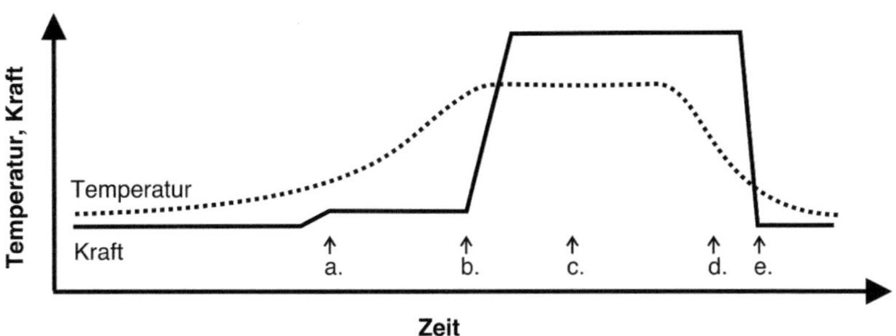

Abbildung 2.6: Zeitlicher Ablauf des Heißprägeverfahrens

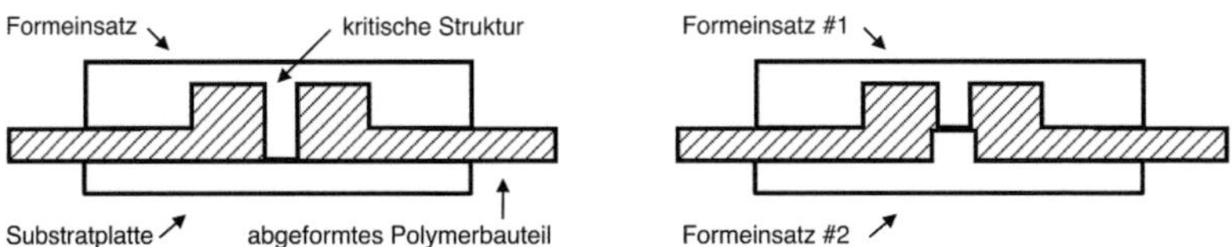

Abbildung 2.7: Kritische Strukturhöhen können beim Heißprägen (links) durch ein doppelseitiges Verfahren und entsprechend angepasste Formeinsätze (rechts) vermieden werden.

chern ist nach einem in [24] beschriebenen Verfahren möglich. Hierbei werden zwei Formeinsätze aus Materialien unterschiedlicher Härte verwendet. Während des Prägevorgangs dringen die Strukturen des härteren Formeinsatzes in den weicheren leicht ein, wodurch die Restschicht zwischen ihnen verdrängt wird.

Für die Formeinsätze bietet sich, insbesondere für die spätere Replikation mikrooptischer Komponenten, auch die Herstellung durch Röntgentiefenlithografie und Füllen der Reststruktur durch einen Galvanikprozess an. Hierbei werden mit Hilfe eines Elektronenstrahlschreibers und einer Synchrotronstrahlungsquelle hochgenaue Masken erstellt sowie Strukturen mit hohem Aspektverhältnis in Resist übertragen. Nach der Entwicklung folgt ein Galvanikschritt sowie das Herauslösen des Resists aus der Metallstruktur. Die resultierenden Formeinsätze aus z.B. Nickel zeichnen sich durch sehr glatte

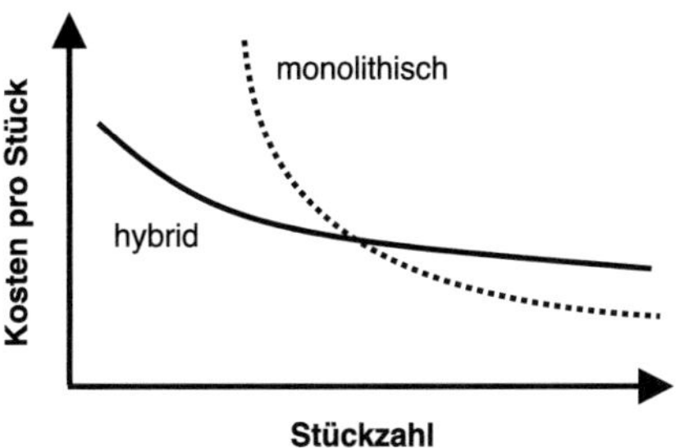

Abbildung 2.8: Kosten pro Stück / Stückzahl Verhältnis von hybriden und monolithischen Mikrosystemen (nach [27]).

Wände und hohe Strukturtreue aus. Dieser Prozess bestehend aus **Li**thografie, **G**alvanik und **A**bformung ist unter dem Akronym „**LIGA**" bekannt [25].

2.1.3 Vergleich monolitisch und hybrid aufgebauter Mikrosysteme

Vor ca. 10 Jahren waren die meisten zu jenem Zeitpunkt am Markt befindlichen Produkte der Mikrosystemtechnik wie Tintendruckköpfe, Schreib- / Leseköpfe für Festplattenlaufwerke, Beschleunigungs- und Drucksensoren vorwiegend monolithisch aufgebaut [26]. Ähnlich wie bei der Computerchip-Herstellung hat dies den Vorteil, dass keine Montagevorgänge notwenig sind, und somit nach dem Batch-Prinzip prozessiert werden kann. Der hohe Entwicklungsaufwand und die langen Entwicklungszeiten lassen sich aus ökonomischer Sicht nur durch hohe Stückzahlen wieder ausgleichen (siehe Abbildung 2.8). Hybride, in Einzelfertigung hergestellte Mikrosysteme haben den Vorteil niedriger Entwicklungskosten und -zeiten, hoher Ausbeuten, einfacher Herstellungsprozesse und insbesondere hoher Flexibilität durch unterschiedliche Herstellungsverfahren und Materialien. Dem gegenüber stehen die hohen Stückpreise der fertigen Systeme, welche aus dem hohen Montageaufwand resultieren.

Beim Entwurf von hybriden Mikrosystemen ist folglich zu berücksichtigen, dass der Montageanteil den zu erwartenden Stückzahlen angepasst wird. Es gilt jedoch auch zu beachten, dass die Fertigung von hybriden Mikrosystemen grundsätzlich keine Beschränkungen für den Entwurf nötig macht. Monolithische Systeme hingegen müssen aus miteinander verträglichen Werkstoffen und untereinander verträglichen Prozessschritten gefertigt werden. Lediglich die Probleme, die bei der Montage von Mikrosystemen auftreten, schränken die Herstellbarkeit von komplexen Systemen ein [28]. So sind vor allem Skalierungseffekte dafür verantwortlich, dass sich Montageprinzipien aus dem Makrobereich nicht einfach in den Mikrobereich übertragen lassen.

2.2 Aufbau- und Verbindungstechnik

2.2.1 Kleben

In der polymerbasierten Mikrosystemtechnik kommen für Verbindungsaufgaben häufig Klebeverfahren zum Einsatz. Insbesondere die Möglichkeit unterschiedlichste Materialien zu verbinden, bietet ein breites Anwendungsspektrum.

Konventionelles Kleben

Klebstoffe können neben der reinen strukturellen Verbindung zweier oder mehrerer Bauteile, weitere Aufgaben wahrnehmen. Spezielle elektrisch leitfähige Klebstoffe können zur elektrischen Kontaktierung verwendet werden. Selbst die elektrische Kontaktierung in eine definierte Raumrichtung ist durch die Verwendung anisotroper Klebstoffe möglich. Um die thermische Ankopplung von Mikrobauteilen zu verbessern, kommen wärmeleitfähige Klebstoffe zum Einsatz. Im Bereich der Mikrooptik, sind spezielle Klebstoffe für die Anbindung von beispielsweise Glasfasern nicht mehr wegzudenken [29]. Auch die Induzierung des Aushärtevorgangs kann auf verschiedene Arten wie durch Bestrahlung mit ultraviolettem Licht, Temperaturerhöhung oder das Ausgasen von Lösungsmitteln erfolgen. Je nach Anforderung hat folglich die Wahl des Klebstoffes einen großen Einfluss auf die Fertigungsstrategie eines

Mikrosystems. Der Klebstoff kann auf verschiedene Arten aufgebracht werden: mittels Dispensernadeln, Stempeln oder auch manuell durch Eintauchen eines Werkzeuges und nachfolgendes Applizieren. Besonders in der Mikrosystemtechnik kommt häufig das Kapillarkleben zur Anwendung. Bietet man einem dünnen Spalt zwischen zwei Bauteilen etwas Kleber an, wird dieser durch Kapillarkräfte weiter in den Spalt gezogen. Auch wenn dieser Effekt durch geschickte Ausnutzung gute Klebeergebnisse liefert, führt er häufig genug zu ungewollten und unkontrollierten Fließbewegungen und Verkleben von wichtigen Strukturen.

AMANDA

Das AMANDA[1] Verfahren beispielsweise nutzt die Möglichkeiten des Kapillarklebens aus, um mikrofluidische Systeme aufzubauen. Ebenfalls bietet das Verfahren eine Möglichkeit zur Serienfertigung fluidischer Mikrosysteme. Mikrostrukturierte Kunststoffsubstrate, welche mehrere Bauteile desselben Typs beinhalten, werden auf eine Membran geklebt. Diese wird zuvor auf einem Wafer aufgebracht. Die Kunststoffsubstrate sind derart strukturiert, dass sich zwischen ihnen und der Membran Kanäle ergeben, welche mit Klebstoff gefüllt werden können. Über eine entsprechende Dosiervorrichtung wird der bevorzugt unter UV-Licht aushärtende Klebstoff eingespritzt und durch entsprechend zeitlich abgestimmte Bestrahlung im richtigen Moment ausgehärtet und dadurch gestoppt.

Die Technologie beinhaltet die Integration von Membranen, auf welchen mikrostrukturierte Metallleiterbahnen aufgebracht sein können. Diese elektrisch leitfähigen Strukturen können als Heizung und / oder Sensor dienen. Auf Basis dieser Technologie wurden beispielsweise Flusssensoren und Pumpen [30–32] entwickelt. Auch die Serienfertigung von Mikroventilen wurde bereits untersucht [33]. Die im vorhergehenden Abschnitt erläuterte Problematik der schwer kontrollierbaren Fließbewegung des Klebstoffes macht ein sequentielles Befüllen der Klebekanäle notwendig und stößt so bei der Serienfertigung mehrerer Systeme auf einem Substrat an seine Grenzen.

---

[1]Abformung, Oberflächenmikromechanik und Membranübertragung

2.2.2 Thermische Verfahren

Thermisches Bonden

Beim thermischen Bonden wird die Eigenschaft von Kunststoffen genutzt oberhalb der Glasübergangstemperatur zu erweichen bzw. bei weiterer Temperaturerhöhung aufzuschmelzen. Presst man zwei Bauteile desselben Polymers unter Druck und einer Temperatur knapp unterhalb der Erweichungstemperatur zusammen, ist bereits eine Verbindung möglich.

Da es nur schwer durchführbar ist, lediglich die zu verbindenden Oberflächen während des Fügevorgangs zu beheizen, besteht die Gefahr, dass sich kleinere Strukturdetails unter der Anpresskraft verformen. Dies gilt insbesondere für teilkristalline Polymere. Abhilfe schafft das gezielte Herabsetzen der Erweichungstemperatur der zu verbindenden Oberflächen. Dies kann mittels Bestrahlung durch ultraviolettes Licht [34], Lösungsmitteln [35] oder einer Plasmabehandlung [36] geschehen. Anschließend werden die mikrostrukturierten Komponenten für die Dauer weniger Minuten in eine Heißpresse gelegt. Im Fall lösungsmittelbasierter Verfahren, kann teilweise auf eine erhöhte Temperatur verzichtet werden [37]. Bei Verwendung von Lösungsmitteln muss geprüft werden, ob diese vollständig aus dem Kunststoff entwichen beziehungsweise Rückstände für die Anwendung unkritisch sind. Im Fall der Plasmabehandlung ändern sich auch die Eigenschaften der Oberfläche hinsichtlich ihrer hydrophilen / hydrophoben Eigenschaft. Auch hier muss geprüft werden, ob die Systemeigenschaft verbessert oder beeinträchtigt wird.

Heißsiegeln

Dünne Folien und Membranen aus Kunststoff können mittels Heißsiegeln aufgebracht werden. Hierbei wird die geringe Dicke der Folien genutzt, welches einen schnellen Wärmetransport ermöglicht. Mittels eines heißen Werkzeuges oder einem Heißluftgebläse, wird die Folie aufgeschmolzen und auf das zu verbindende Bauteil gedrückt. Durch anschließendes rasches Abkühlen vermeidet man eine Deformation kritischer Strukturdetails.

Besonders im Bereich industrieller Verpackungen kommt dieses Verfahren häufig zum Einsatz [38, 39].

2.2.3 Schweißen

Laserdurchstrahlschweißen

Eine weitere Möglichkeit Kunststoffe (aber nicht nur diese) zu verbinden, bietet das „Laserdurchstrahlschweißen". Hierbei muss einer der beiden Fügepartner für die Wellenlänge des verwendeten Lasers möglichst transparent sein und der zweite Fügepartner die Energie in dem Wellenlängenbereich absorbieren. Alternative ist eine in die Fügeebene der beiden Bauteile eingebrachte absorbierende Schicht. Wird nun mit dem Laserstrahl durch das erste Bauteil gestrahlt und die eingekoppelte Energie in der Kontaktebene absorbiert, schmelzen die Polymere auf und eine materialschlüssige Verbindung entsteht. Der Laserstrahl kann bei dieser Methode beispielsweise fokussiert geführt, oder die Fügestellen durch Abschattung mittels einer Maske definiert werden [40, 41]. Vorteile sind die gut zu definierenden Verbindungsstellen und die große Formfreiheit in der Ebene. Nachteilig ist die durch die geforderte Transparenz eingeschränkte Materialwahl beziehungsweise das Einbringen einer zusätzlichen Schicht, welche einer Einstoffverbindung entgegensteht.

Induktionsschweißen

Das Indukionsschweißen ist eine Alternative, um von außen an definierten Stellen eine Verschweißung zu erreichen. Hierbei wird in eine Spule ein Wechselfeld erzeugt, innerhalb desselben sich die definierten Strukturen befinden müssen. Beispiele finden sich in [42] für das Aufschmelzen eines Metalles und in [43] für Kunststoffe. Für das Schweißen von Polymeren muss eine entsprechend strukturierte Metallschicht in das System eingebracht sein. Diese Voraussetzung kann die Methode aufwändig machen. Weiterhin ist die Fremdstofffreiheit nicht mehr gegeben.

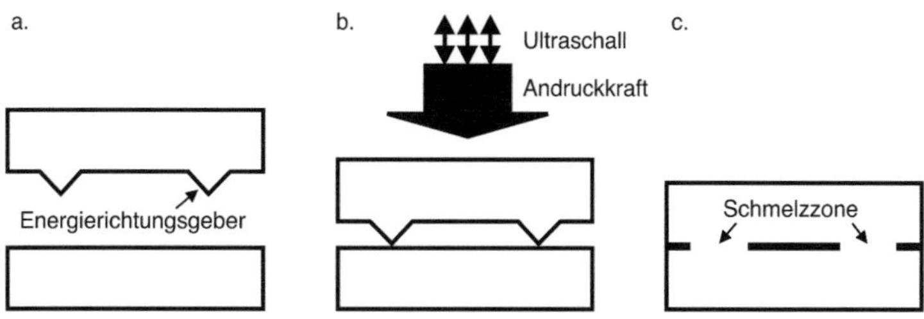

Abbildung 2.9: Schematischer Ablauf des Ultraschallschweißens.

Ultraschallschweißen

Obwohl in der Makrowelt schon recht verbreitet, ist das Ultraschallschweißen von Kunststoffen in der Mikrosystemtechnik eine recht neue Verbindungstechnologie [44]. Hierbei wird durch definierte Strukturen, sogenannte Energierichtungsgeber (ERG) die Energie eines Ultraschalltransducers fokussiert, was zu einem Aufschmelzen der ERG und der in Kontakt befindlichen Oberflächen führt. Abbildung 2.9 zeigt schematisch den Prozessablauf. Das Substrat sowie das mit Energierichtungsgebern strukturierte Bauteil werden übereinander positioniert (a). Dabei müssen die Materialien der beiden Fügepartner einen ähnlich Schmelzpunkt aufweisen, womit sich Verbindungen zwischen Bauteilen aus dem selben Kunststoff am einfachsten verwirklichen lassen. Eine Sonotrode, welche auf die beiden Bauteile aufgepresst wird, dient zum Einkoppeln der Energie eines Ultraschalltransducers (b). Die Energie wird an den Energierichtungsgebern fokussiert und das Material erwärmt sich aufgrund der inneren Reibung. Bei ausreichendem Energieeintrag schmilzt das Kunststoff entsprechend an diesen Stellen, was zu einer materialschlüssigen Verbindung führt (c) [45]. Bei einer alternativen Methode [46] wird kein strukturiertes Bauteil, sondern eine angepasste Sonotrode verwendet, durch dessen Form die Schmelzzone definiert ist. Allerdings ist hier die Verbindung auf dünne Membranen beschränkt.

2.3 Materialien und Effekte

In der Mikrosystemtechnik lassen sich eine Reihe physikalischer Effekte für Aktor- und Sensoranwendungen nutzen. Die folgenden Erläuterungen geben einen Überblick gebräuchlicher sowie für die vorliegende Arbeit relevanten Materialien und Effekte.

2.3.1 Mikroaktorik

Magnetische Aktoren

Magnetische Aktoren lassen sich durch Nutzung verschiedener physikalischer Effekte aufbauen: Elektromagnetismus, magnetischer Widerstand (Reluktanz) und Magnetostriktion. Als Sonderfall kann der magnetorheologische Effekt gelten [47–49]. Zum Erzeugen der Magnetfelder kommen Permanentmagnete oder Spulen zum Einsatz [50]. Beim Einsatz von Spulen lässt sich das magnetische Feld und somit die erzeugte Kraft ein- und ausschalten, jedoch stößt die Herstellung aufgrund der schwierigen Skalierung der dreidimensionalen Spulenstruktur im Bereich der Mikrosystemtechnik an Grenzen.

Elektrostatische Aktoren

Die durch Elektrostatik erzeugten Kräfte basieren auf der Anziehung zweier gegensätzlich geladener Bauteile. Hierbei sind zwei Effekte zu betrachten. Zum einen werden parallel angeordnete Platten senkrecht zu ihren Flächen angezogen, andererseits führen laterale Versätze zu Kräften, die parallel zu den Flächen der Platten liegen. Um die recht geringen elektrostatischen Kräfte eines Systems zu erhöhen, sind mehrere Ansätze zur Optimierung möglich. Eine Erhöhung der Spannung geht quadratisch in die erzeugte Kraft ein, birgt jedoch die Gefahr eines elektrischen Überschlages zwischen Elektroden. Die Verringerung des Elektrodenabstands geht ebenfalls quadratisch ein. Bei kleinen Abständen tritt jedoch zum einen wieder die Problematik eines elektrischen Überschlages auf, zum anderen nehmen die Kräfte bei großen Stellwegen mit zunehmendem Plattenabstand entsprechend schnell ab. Weiterhin ist eine Erhöhung der Plattenfläche möglich, was jedoch aufgrund des begrenzt zur Verfügung stehenden Platzes in Mikrosystemen schnell an seine Grenzen stößt. Bei einer Bewegung parallel zu den Plattenflächen, kann die erzeugte Kraft bei gleicher Baugröße um den Faktor n erhöht werden, wenn statt eines großen Plattenkondensators n kleine Platten parallel geschaltet werden [14]. In der Mikrosystemtechnik lässt sich dies leicht durch ineinandergreifende Kammstrukturen erzielen. Bei Spaltbreiten von nur wenigen Mikrometern sind so Aktoren mit hohen Kräften und Arbeitsdichten möglich. Vorteile sind beispielsweise die hohe Dynamik des Aktors und die durch die zweidimensionale Struktur einfache Skalierung hin zu kleineren Strukturen.

2.3.2 „Smart Materials"

Eine eindeutige Definition des Begriffs „Smart Materials", welche anwendungsübergreifend gültig ist, lässt sich nur schwer finden [51]. Meist sind diese „intelligenten Materialien" dadurch gekennzeichnet, dass sie sich durch extern kontrollierte Größen eine oder mehrere interessante Eigenschaft ändern lassen. Steuerungsgrößen sind beispielsweise Temperatur, Luftfeuchtigkeit, pH-Wert und elektrische- oder magnetische Felder. Ferner vereinen sie häufig aktorisch und sensorische Eigenschaften im selben Material. Wohl bekannteste Vertreter dieser Materialien sind die Piezokeramiken mit dem piezoelektrischen und inversen piezoelektrischen Effekt und Legierungen mit Formgedächniseffekt.

Inverser piezoelektrischer Effekt

Der piezoelektrische Effekt beschreibt das Verhalten bestimmter Materialien (wie z.B. von Einkristallen wie Zinkoxid, Keramiken wie Bariumtitanat oder Kunststoffen wie PVDF [52]) bei denen mechanische Energie durch Verformung in elektrische Energie umgewandelt wird (Sensoreigenschaft). Basierend auf diesem Effekt, lassen sich auch Aktoren durch Umkehrung des Verhaltens aufbauen. Der piezoelektrische Effekt erklärt sich durch

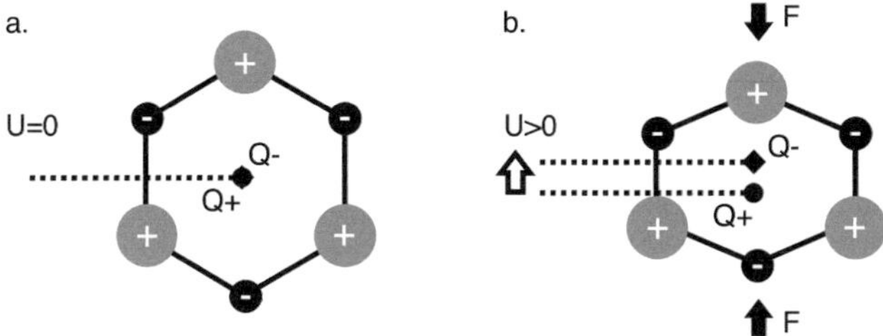

Abbildung 2.10: Schematische Darstellung des piezoelektrischen Effekts. Unbelasteter Zustand (a.) mit neutralem Ladungszustand und verformter Zustand (b.) mit verschobenen Ladungsschwerpunkten.

eine Verlagerung von Ladungsschwerpunkten und somit der Ausbildung oder Verstärkung eines Dipols innerhalb des Materials bei Verformung. Abbildung 2.10 zeigt schematisch den unbelasteten (a) Zustand, wobei die Ladungsschwerpunkte Q+ und Q- im gezeigten Sonderfall auf den selben Punkt fallen. Im verformten Zustand (b) verlagern sich die positiven und negativen Ladungsschwerpunkte und durch die Ladungsverschiebung wird eine elektrische Polarisation erzeugt.

Wird das Material als Aktor verwendet nutzt man den inversen Piezoeffekt, bei dem sich das Material innerhalb eines elektrischen Feldes verformt.

Am häufigsten werden keramische Materialien eingesetzt, welche durch Sintern hergestellt werden. Ein typisches und vielfach für Aktoren verwendetes Material ist Blei-Zirkon-Titanat (PZT). Aufgrund des aus Umweltschutzsicht kritischen Bleianteils von ca. 60%, werden jedoch verstärkt alternative Materialien wie Barium-Titanat oder Lithium-Tantalat auf ihre Eignung untersucht [53].

2.3.3 Formgedächtniseffekt

Unter dem Formgedächtniseffekt versteht man die Eigenschaft eines Materials, sich an eine zuvor eingeprägte Gestalt „wieder zu erinnern" und zu dieser zurückzukehren. Diese Rückwandlung kann durch Wegnehmen der Kraft oder Erhöhen der Temperatur erfolgen. Der Effekt kann bei bestimmten Metallen [54], Kunststoffen [55] und auch Keramiken [56] beobachtet werden. Insbesondere die hohe Arbeitsdichte der Metalllegierungen [57] und die damit verbundenen günstigen Skalierungseffekte sind bei diesen Materialien für die Realisierung von Mikrosystemen von großem Interesse [58, 59].

Im Folgenden soll aufgrund der Relevanz für die vorliegende Arbeit auf die Legierung Nickel-Titan (NiTi) und die auftretenden Effekte eingegangen werden.

Einweg-Effekt

Wird eine metallische Struktur innerhalb der Dehngrenze (elastischer Bereich) durch eine äußere Kraft verformt, so nimmt diese nach Wegnehmen der Kraft wieder ihre ursprüngliche Form ein. Wird die Struktur über die Dehngrenze hinaus belastet (plastischer Bereich), so behält sie die über den elastischen Bereich hinausgehende Verformung selbst nach Wegnehmen der äußeren Kraft bei. Formgedächtnislegierungen wie NiTi kennzeichnen sich durch eine niedrige Dehngrenze, an die sich ein Bereich sogenannter pseudoplastischer Verformung von bis zu 7% [60] anschließt. Nach Entlastung des Materials bleibt eine scheinbar plastische Verformung zurück. Erwärmt man nun die Struktur, wandelt sich das Material beginnend mit der Austenit-Starttemperatur (Austenite start, A_s) bis zur Austenit-Endtemperatur (Austenite finish, A_f) wieder in seine ursprüngliche Gestalt zurück. Kühlt man das Material daraufhin in diesem Zustand ab, liegt es wieder in der Niedrigtemperaturphase dem Martensit vor und der Vorgang kann wiederholt werden (siehe Abbildung 2.11).

Durchläuft man diesen Zyklus ohne Belastung, tritt keine Gestaltänderung auf, weshalb man vom „Einweg-Effekt" spricht. Bei entsprechender Vorauslenkung ist die Wegänderung bei der Umwandlung in Austenit mit der Erzeugung hoher Kräfte verbunden und bildet die Grundlage der Aktorik mit Formgedächtnislegierungen.

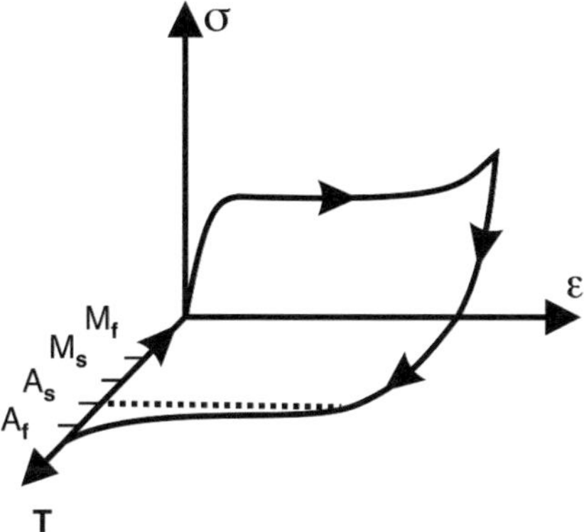

Abbildung 2.11: Qualitative Darstellung von Spannung, Dehnung und Temperatur des Einweg-Effektes.

Eine Besonderheit zeigt die Legierung NiTi bezüglich der möglichen Materialphasen. Neben dem martensitischen und austenitischen Zustand, durchläuft das Material beim Abkühlen eine rhomboedrische (R-) Phase. Für die Aktorik bietet dies sowohl Vorteile hinsichtlich des Ermüdungsverhaltens als auch, aufgrund der nahe beieinanderliegenden Umwandlungstemperaturen, der Dynamik [61–63].

Zweiweg-Effekt

Im Gegensatz zum Einweg-Effekt, kann beim Zweiweg-Effekt zwischen zwei Formen auch ohne äußere Kraft, allein durch Temperaturänderung geschaltet werden. Innere Spannungen im Material, welche durch ein Training hervorgerufen werden können, sorgen dafür, dass sich das Material nicht nur im austenitischen Zustand an seine eingeprägte Gestalt „erinnert", sondern auch beim Übergang in den Martensit eine Bewegung ausführt (siehe Abbildung 2.12). Die erreichbaren Kräfte der Umwandlung von Austenit nach Martensit bzw. in die R-Phase sind allerdings deutlich geringer als bei der Umwandlung von Martensit bzw. der R-Phase nach Austenit.

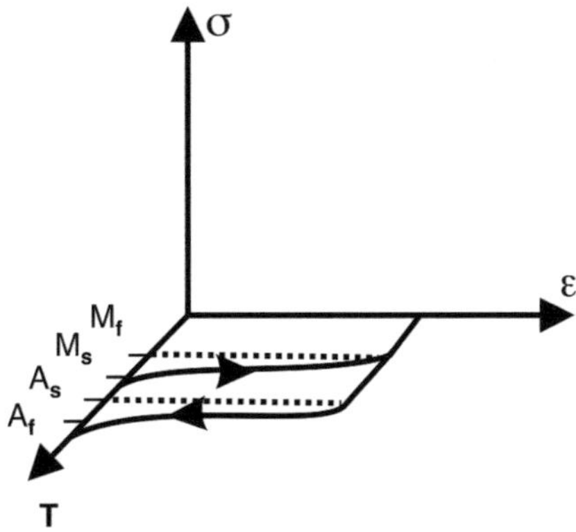

Abbildung 2.12: Qualitative Darstellung von Spannung, Dehnung und Temperatur des Zweiweg-Effektes.

Pseudoelastischer Effekt

Befindet sich das Material im austenitischen Zustand, kann durch ausreichend hohe Spannungen im Material aufgrund äußere Kräfte eine Umwandlung in den martensitischen Zustand erreicht werden. Hierzu ist keine Temperaturänderung wie im Fall des Einweg- oder Zweiweg-Effektes notwendig. Diese spannungsinduzierte Martensitumwandlung geht nach Entlastung wieder vollständig zurück (siehe Abbildung 2.13).

2.4 Charakterisierungsmethoden

2.4.1 Geometrien

Für geometrische Vermessungen kommen in der vorliegenden Arbeit im wesentlichen Lichtmikroskope zur Verwendung. Mittels eines beweglichen Mikroskopiertisches, welcher mit Glasmaßstäben und entsprechendem Wegaufnehmern ausgestattet ist, lassen sich so Messungen mit einer Genauigkeit

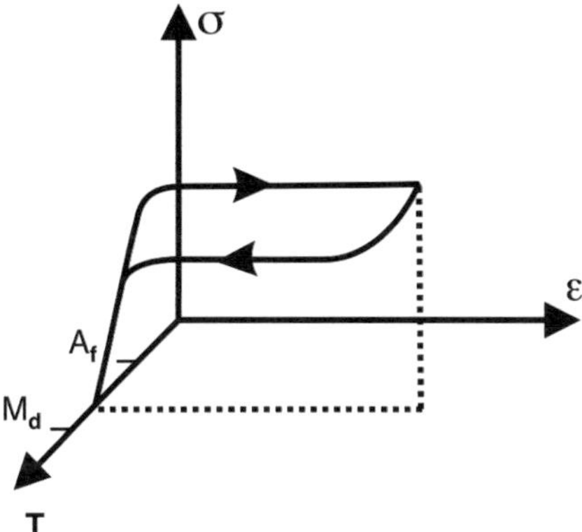

Abbildung 2.13: Qualitative Darstellung von Spannung, Dehnung und Temperatur des Pseudoelastischen-Effektes.

von in x-/y-Richtung +/- 5 µm und in z-Richtung +/- 2 µm erreichen[2]. Für die Vermessung der Formeinsätze und der geprägten Strukturen in Kapitel 4.5.1, kommt eine Koordinatenmessmaschine[3] der Firma Werth zum Einsatz. Das Gerät verfügt über eine Videoaufnahme, welche an eine Bildauswertesoftware gekoppelt ist und so Messungen mit einer hohen Wiederholgenauigkeit erlaubt. Bei Messung gleicher Strukturen ist auf eine unveränderte Ausleuchtung zu achten, um der Kantendetektion der Software einen gleichbleibenden Kontrast zu liefern. Die Messgenauigkeit liegt bei diesem Verfahren im interessierenden Längenbereich in x-/y-Richtung bei +/- 2 µm und in z-Richtung bei +/- 1 µm.

2.4.2 Materialübergangstemperaturen

Die Phasenübergangstemperaturen der in dieser Arbeit verwendeten Formgedächtnislegierungen, werden mittels zweier verschiedener Verfahren bestimmt. Einerseits kommt die dynamische Differenzkalorimetrie – im engli-

---

[2] Leica INM 20 Typ 302313, x/y-Zähler RSF Elektronik Z 520, z-Zähler Heidenhain (00954194), Messsystem MT 25

[3] 3D-Koordinatenmessgerät, Video-Check-HA, Werth Messtechnik

schen als „differential scanning calorimetry" (DSC) bezeichnet – zum Einsatz, andererseits wird mittels einer elektrischen Widerstandsmessung bei verschiedenen Temperaturen der Phasenübergang ermittelt.

Dynamische Differenzkalorimetrie

Für die DSC-Messung wird eine Probe des zu untersuchenden Materials in einen sogenannten Tiegel verbracht. Anschließend werden Probe und Tiegel mit einer definierten Geschwindigkeit aufgeheizt und wieder abgekühlt. Die eingebrachte bzw. erhaltene Energie wird gemessen. Parallel oder seriell wird ein Tiegel ohne Probe mit den gleichen Parametern zykliert. Durch eine Phasenumwandlung in der Probe entsteht eine Differenz im Temperaturverlauf der beiden Tiegel. Diese Abweichung ist proportional zum Wärmestrom und kann enstprechend aufgezeichnet werden. Mögliche Fehlerquellen sind bei DSC-Messungen von Kunststoffen Lösungsmittel im Material, welche im Fall des Verdampfens durch einen erhöhten Energieaufwand im Diagramm ersichtlich sind. Formgedächtnislegierungen dürfen nicht zu fest in den Tiegel eingepresst werden, da die hierdurch entstehenden Spannungen im Material die Messwerte ebenfalls verfälschen. Weiterhin enstehen bei der Handhabung der FGL-Probe häufig Spannungen im Material. Durch einmaliges Aufheizen über A_f kann die Probe in einen definierten Zustand gebracht werden. Im Fall der DSC-Messung wird so ein zusätzlicher Zyklus gefahren, von dem lediglich die Messung während des zweiten Durchgangs verwendet wird. Abbildung 2.14 zeigt eine typische DSC-Messung für eine 50 µm dicke Folie aus Nickel-Titan.

Widerstand / Temperatur

Eine weitere Möglichkeit zur Ermittlung der Phasenübergangstemperaturen bei Formgedächtnislegierungen ist die Messung des elektrischen Widerstandes einer Probe in Abhängigkeit von der Temperatur. Als Struktur bietet sich beispielsweise ein freistehender Doppelbiegebalken zur Vermeidung von

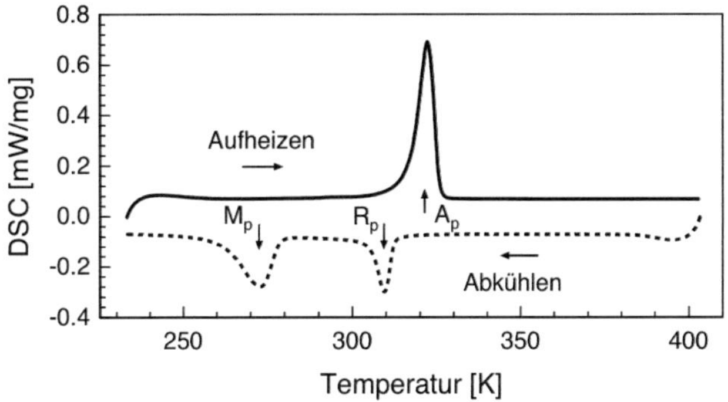

Abbildung 2.14: Typische DSC-Messung einer 50 μm dicken NiTi-Folie.

Spannungen im Material durch Befestigung auf einem Substrat an. Die Ermittlung erfolgt in einem Kryostaten unter Vakuum, um Störeinflüsse durch Konvektion zu vermeiden. Eine schematische Darstellung des verwendeten Messaufbaus ist in Abbildung 2.15 dargestellt. Das in der vorliegenden Arbeit verwendete System ermöglicht Temperaturen von ca. $-50\,^\circ$C bis $+300\,^\circ$C. Das Beheizen erfolgt mittels elektrischem Strom, welcher durch einen PID-Regler geregelt wird. Das aktive Abkühlen ist durch gasförmigen und flüssigen Stickstoff möglich, welcher durch den Kryostaten geleitet wird. Die PID-Regelung steuert auch den Temperaturverlauf des Abkühlens durch ausgleichendes elektrisches Heizen, da sich die Kühlung nur manuell auf einen festen Durchfluss einstellen lässt. Zu beachten gilt, dass nach jeder Temperaturerhöhung eine ausreichende Wartezeit eingehalten wird, um einen stabilen Zustand des Systems sicher zu stellen. In der vorliegenden Arbeit wird dies zusätzlich durch eine Überwachung der Parameter Widerstand und Temperatur erreicht. Nur wenn die Schwankungsbreite der Werte einen vorher definierten Wert unterschreitet, wird die Messung des nächsten Wertes gestartet. Je gespeichertem Messpunkt wird über mehrere Einzelwerte gemittelt und somit das Signalrauschen kompensiert. Abbildung 2.16 zeigt die Widerstands / Temperatur Kennlinie einer 50 μm dicken NiTi-Folie.

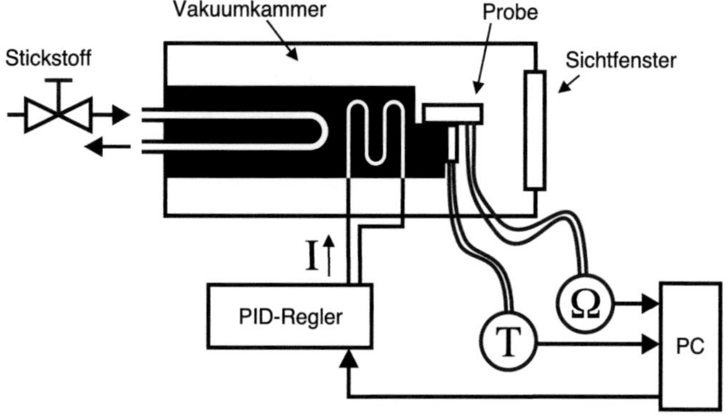

Abbildung 2.15: Schematischer Aufbau des verwendeten Kryostaten.

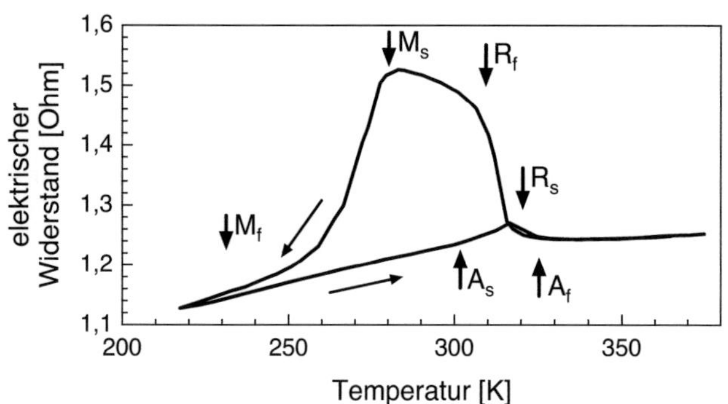

Abbildung 2.16: Typische Widerstands / Temperatur Kennline einer 50 µm dicken NiTi-Folie.

2.4.3 Ventilcharakterisierung

Statischer Durchfluss / Leistung

Zur Bestimmung der statischen Durchflusskennlinien der Mikroventile über der Leistung, wird ein Durchflussmesser[4] der Firma MKS eingesetzt. Der Sensor basiert auf dem Hitzdrahtprinzip [64] und ermöglicht Messungen mit einem Fehler von weniger als 1%. Als Fluid wird gasförmiger Stickstoff verwendet, auf dessen Eigenschaften der Messkopf des Messgerätes kalibriert ist. Die verwendete Maßeinheit für den Durchfluss ist Standardkubikzentimeter pro Minute (sccm). Die Formgedächtnisaktoren der Ventile werden über ein Labornetzteil mit Strom versorgt. Ein kalibrierter Messwiderstand ist in Reihe geschaltet, um über die abfallende Spannung und dem Ohmschen Gesetz ($I = U\,/\,R$) den Strom bestimmen zu können. Die Spannung, welche am Ventil anliegt, wird direkt gemessen. Beide Multimeter[5] zur Spannungsermittlung haben im interessierenden Messbereich Toleranzen von +/- 1%. Ein mittels der Software LabView realisiertes Messprogramm kontrolliert das Erreichen eines stabilen Zustandes, bevor über mehrere Messwerte gemittelt wird und die Messpunkte zur späteren Auswertung in eine Datei geschrieben werden. Aus den mitgeschriebenen Werten: Strom (indirekt über die abfallende Spannung an einem Widerstand gemessen), Spannung und Durchfluss wird dann ein Durchfluss / Leistungs-, und Widerstands / Leistungs-Diagramm generiert. Abbildung 2.17 zeigt den schematischen Messaufbau.

Dynamik

Für die Ermittlung der Dynamik der Ventile kommt zunächst ein PC-basierter Pulsgenerator zum Triggern einer Leistungselektronik zum Einsatz. Die Frequenz und Tastzeit lassen sich in einem weiten Bereich am PC wählen und die Leistung für das Ventil dann direkt an der Leistungselektronik einstellen. Da der zur Ermittlung des statischen Durchflusses verwendete Durchflussmesser zwar eine hohe Genauigkeit aber nur geringe Dynamik erlaubt, wird

---

[4]Messkopf: MKS Mass Flow Meter 0258CY-01000SV, Steuergerät: MKS PR 4000
[5]Fluke 45 und Hewlett Packard 34401A

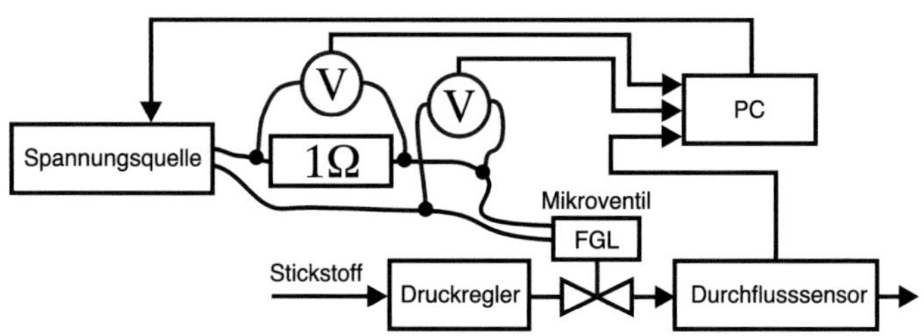

Abbildung 2.17: Schema des Messaufbaus zur statischen Durchflussmessung.

zur Ermittlung des dynamischen Durchflusses ein Mikro-Durchflussmesser eingesetzt. Dem Ventil wird ein Kanalstück nachgeschaltet, in dem eine Fahne aus Polyimid hängt, in welche eine mikrostrukturierte Mäanderstruktur aus Gold eingebracht ist. Der Mäander wird mittels eines konstanten elektrischen Stroms beheizt und die abfallende Spannung gemessen. Erhöht sich nun der Gasdurchfluss durch den Kanal, wird die Polymerfahne und somit die Mikrostruktur stärker gekühlt, wodurch der Widerstand sinkt. Diese Widerstandsänderung wird über eine Messbrücke als Spannung ausgegeben und mit einem Speicheroszilloskop[6] dargestellt. Auf einen weiteren Messkanal des Oszilloskopes, wird die Spannung am Aktor des Ventils gegeben. So lässt sich zeitgleich der Heizimpuls des Aktors und die Antwort des Durchflusses ermitteln und darstellen. Abbildung 2.18 zeigt den schematischen Messaufbau.

---

[6]Hewlett Packard 54600A

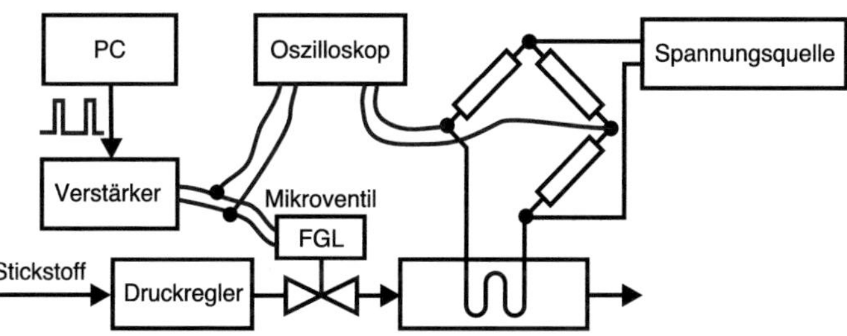

Abbildung 2.18: Schema des Messaufbaus zur dynamischen Ventilcharakterisierung.

3 Stand der Technik

3.1 Mikroventile

Das am häufigsten verwendete Ventilprinzip, ist das eines Sitzventils (siehe Abbildung 3.1 a). Der Ventilsitz wird durch ein in Fließrichtung bewegliches Element verschlossen, welches als Membran, Kugel oder Nadel ausgeführt sein kann. Das Prinzip erlaubt Bauformen ohne Leckfluss. In der Mikrosystemtechik ist dies im Wesentlichen von der Materialpaarung abhängig. So lässt sich eine Kombination von Ventilsitz und Verschluss aus verhältnismäßig hartem Material wie beispielsweise Silizium nur schwierig abdichten [65, 66].

Eine alternative Bauform ist ein sogenannter Plattenschieber (siehe Abbildung 3.1 b), nach dessen Prinzip ebenfalls bereits Mikroventile aufgebaut wurden. Plattenschieber haben den Vorteil, dass die Bewegungsrichtung des Verschlusses parallel zum Fluidstrom erfolgt, sodass geringere Kräfte als beim Sitzventil notwendig sind. Prinzipbedingt weisen sie jedoch zumindest im Bereich mikrofluidischer Bauteile immer einen Leckfluss auf, da ein Spalt zwischen Platte und Ventilöffnung zur Vermeidung von Reibung verbleiben muss. Für eine Anwendung in beispielsweise Druckreglern kommt dieses Ventilprinzip jedoch durchaus in Frage, da selbst ein Leckfluss in der Größenordnung von 20% noch eine 94% Abdeckung des Druckbereiches erlaubt [67].

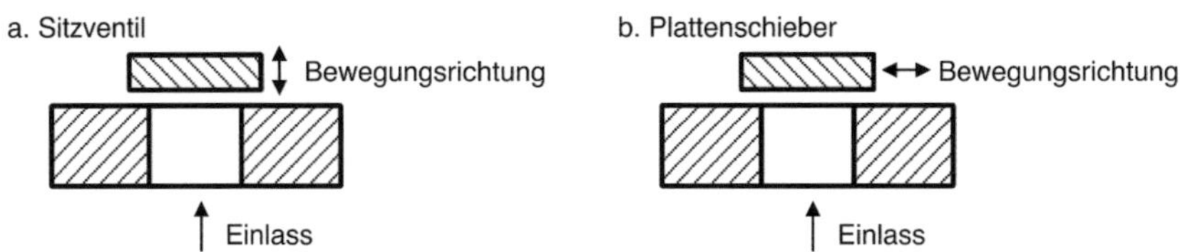

Abbildung 3.1: Schematischer Aufbau eines (a) Sitzventils und (b) Plattenschieber Ventils.

3.2 Mikroventile auf Polymerbasis

Eine ausführliche Übersicht entwickelter Mikroventile [68] würde den Rahmen der Arbeit bei Weitem sprengen. Daher werden im Folgenden drei Kunststoff-Mikroventile exemplarisch vorgestellt.

Mikroventil mit

- thermisch / pneumatischem Aktor

In [69] wird ein Mikroventil vorgestellt, welches als Hauptelemente zwei Kunststoffgehäuse und eine Polyimid-Membran beinhaltet. Die beiden Gehäuseteile werden aus PMMA heißgeprägt, wobei die eine Hälfte den Ventilsitz und die andere eine Aktorkammer erhält. Die kritischste Struktur auf den Formeinsätzen sind Nadeln mit einem Durchmesser von 300 µm, welche abgeformt den Kanal der Ventilsitzstruktur bilden. Die Membran wird zwischen die beiden Gehäusehälften geklebt und beinhaltet auf der Oberseite einen metallischen Heizmäander. Durch Heizen mittels elektrischem Strom wird die Luft in der Aktorkammer erhitzt und die Membran beult aus. Durch die Anordnung der Membran über dem Ventilsitz wird das Ventil geschlossen (siehe Abbildung 3.2).

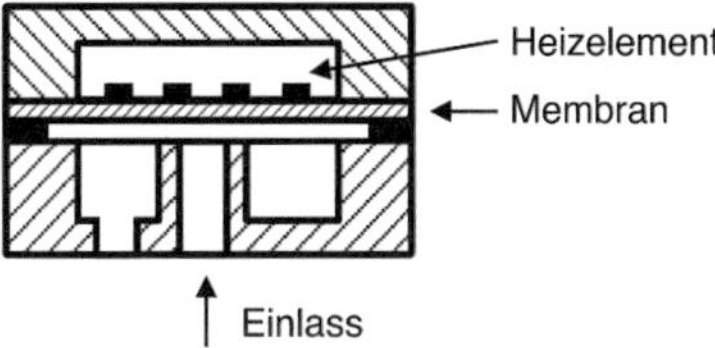

Abbildung 3.2: Schema eines thermisch / pneumatisch angetriebenen Mikroventils.

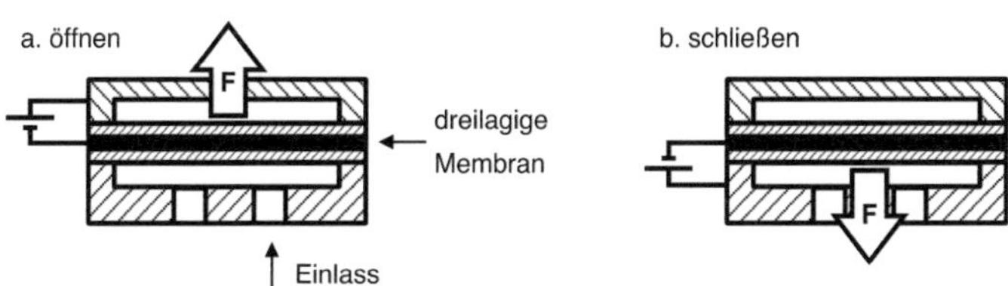

Abbildung 3.3: Schema eines elektrostatisch angetriebenen Mikroventils.

- elektrostatischem Aktor

Ein Mikroventil mit elektrostatischem Aktor wird in [70] vorgestellt (siehe Abbildung 3.3). Hier kommen zwei spritzgegossene Gehäusehälften aus elektrisch leitendem Polyamid sowie eine mehrschichtige Membran zwischen den Gehäusehälften zum Einsatz. Die Membran besteht aus zwei elektrisch isolierenden Schichten, mit einer elektrisch leitenden Schicht dazwischen. Nachdem die dreilagige Membran auf einem Siliziumsubstrat hergestellt ist, wird sie zwischen die beiden Gehäusehälften gebracht. Die Kontaktierung ermöglicht das Anlegen einer elektrischen Spannung zwischen der leitenden Schicht der Membran und wahlweise der unteren und oberen Gehäusehälfte. Durch die auftretenden elektrostatischen Kräfte kann die Membran so zwischen zwei Positionen geschaltet werden. Das vorgestellte Ventil erlaubt bei einem Druck von 100 kPa eine maximale Flussrate von 10 Standardkubikzentimetern pro Minute (sccm).

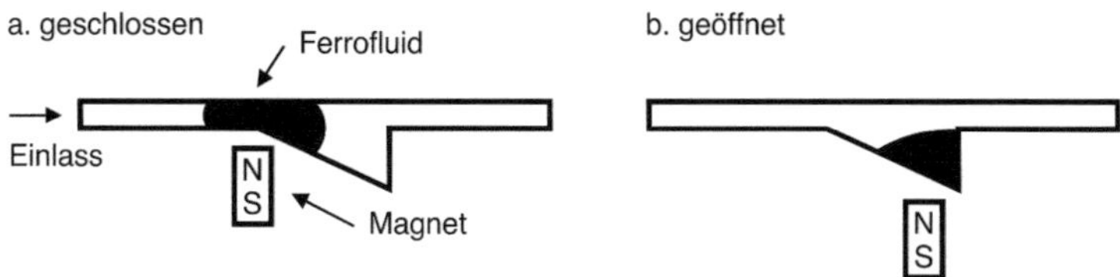

Abbildung 3.4: Schema eines Mikroventils mit ferrofluidischem Aktor.

- ferrofluidischem Aktor

[71] stellt Mikroventile und Mikropumpen vor, welche einen ferrofluidischen Aktor als Antriebselement nutzen. Dabei sind im Fall der Ventile Mikrokanäle derart strukturiert, dass sie Aussparungen enthalten, in welche eine ferrofluidische Flüssigkeit eingefüllt ist. Ein Magnetfeld, durch einen externen Magneten erzeugt, hält das Ferrofluid in der Aussparung, kann aber durch Bewegung des Magnetfeldes in den Kanal verschoben werden und ihn somit versperren (siehe Abbildung 3.4). Das vorgestellte System erlaubt einen maximalen Haltedruck bei Luft in einem $50\,\mu m \times 20\,\mu m$ Kanal von $12\,kPa$. Typische Schaltzeiten liegen im Bereich von $15\,s$ bis $30\,s$.

3.3 Transfertechnologien

In der Vergangenheit wurden bereits diverse Übertragungstechniken entwickelt, um die Problematik inkompatibler Fertigungsprozesse der verschiedenen Materialien eines hybriden Mikrosystems zu umgehen. Als Beispiel seien hier [72] und [73] aufgeführt.

Insbesondere für das in dieser Arbeit als Grundlage verwendete Kunststoff-Mikroventil wurde ein Transferprozess entwickelt, welcher in dem Patent [74] näher dargestellt ist. Abbildung 3.5 zeigt den Prozessablauf. Zunächst wird eine strukturierte Opferschicht und darauf folgend eine Folie aus einer Formgedächtnislegierung auf ein Substrat aufgebracht (a). Nachdem ein Aktor aus der Folie mittels Lithografie und nasschemischer Ätzprozesse strukturiert wurde, kann die Opferschicht selektiv entfernt werden (b). Der

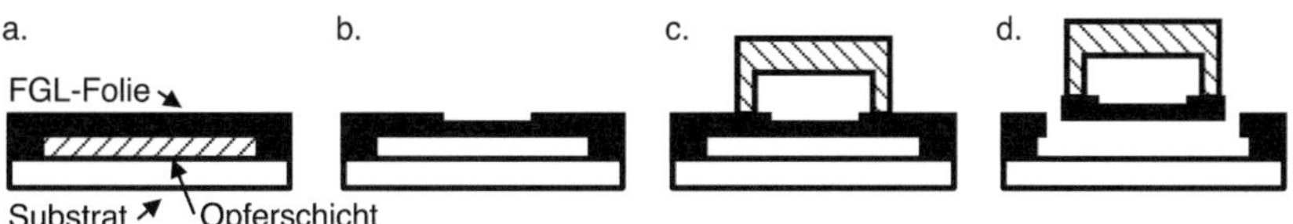

Abbildung 3.5: Schema zur Strukturierung und Übertragung eines Aktors aus einer Formgedächtnislegierung (FGL).

Aktor wird dabei über entsprechende Haltestege auf dem Substrat fixiert. Das Bauteil, auf welches die Übertragung stattfinden soll, wird mit dem Aktor verklebt (c) und die Haltestege beispielsweise mittels Laserschneiden getrennt (d). Das Verfahren bietet die Möglichkeit, die Herstellung und Strukturierung der Formgedächtnislegierung getrennt von der Replikation der Gehäusekomponenten vorzunehmen. Allerdings handelt es sich um einen seriellen Prozess, welcher nicht für Übertragungen auf der Waferebene und somit dem parallelen Verarbeiten mehrere Bauteile ausgelegt ist.

[75] beschreibt ein Verfahren, in dem mehrere Bauteile parallel übertragen werden und in einer angepassten Variante sogar gezielt einzelne Bauteile von dem Substrat gelöst und somit selektiv übertragen werden können. Zunächst werden Mikrobauteile auf einem „Quellsubstrat" gefertigt und anschließend mittels einer Polyimidschicht mit einem Glaswafer gedeckelt. Es folgt das Entfernen des „Quellsubstrats" sowie die Strukturierung der Rückseite der Mikrobauteile. Werden die Bauteile nun selektiv auf einem „Zielwafer" gebondet, können sie durch Entfernen der Polyimidschicht mittels gezielter Laserablation durch die Rückseite hindurch vom Glaswafer gelöst und somit selektiv übertragen werden.

3.4 Vorarbeiten

Das am Institut entwickelte und in dieser Arbeit als Basis verwendete Kunststoff-Mikroventil ist als Sitzventil ausgeführt. Anwendungsbereiche finden sich beispielsweise in den Lebenswissenschaften aufgrund des Kunststoffgehäuses und des leckflussfreien Ventilprinzips. Abbildung 3.6 zeigt den

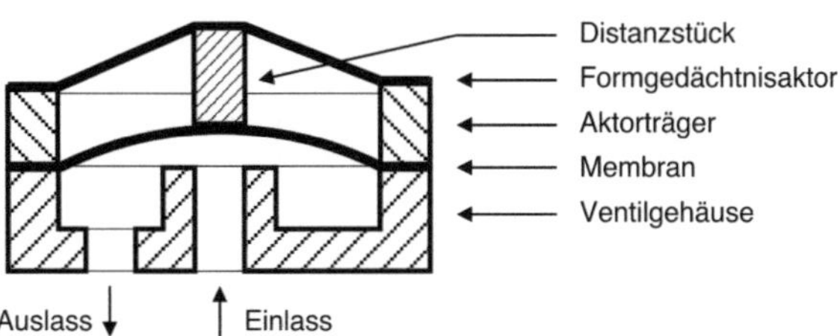

Abbildung 3.6: Schematischer Aufbau des am Forschungszentrum Karlsruhe entwickelten Mikroventils mit FGL-Aktor.

schematischen Aufbau. Der Ventileinlass auf der Unterseite des Ventils führt zum Ventilsitz. Dieser ist durch eine bewegliche Membran abgedeckt, welche auch die Ventilkammer abschließt. Ein weiterer Kanal führt von der Ventilkammer zur Unterseite des Ventilghäuses zum Ventilauslass. Oberhalb der Membran, direkt über dem Ventilsitz ist ein Distanzstück eingebracht. Ein Aktorträger verbindet den Formgedächtnisantrieb, welcher als Brückenaktor ausgeführt ist, mit dem Ventilgehäuse. Die notwendige Vorspannung des Aktors wird über den Höhenunterschied von Aktorträger und Distanzstück definiert. Eine in Form eines Kühlrings aufgebrachte Wärmesenke verbessert die Dynamik des Mikroventils (nicht dargestellt).

Vorarbeiten beschäftigten sich im Wesentlichen mit Entwicklung und Optimierung des Ventilgehäuses [7], Aktorgeometrie [6], Dynamik [62] und Aktorherstellung sowie der Kombination des Ventils mit einem dem Ventil nachgeschalteten, aber auf demselben Substrat prozessierten Durchflusssensor zu einem Regelsystem [76]. Die Ventile wurden dabei stets in einer aufwändigen Einzelfertigung im Labormaßstab wie folgt aufgebaut.

Ventilaufbau

Der manuelle Fertigungsablauf ist in Abbildung 3.7 dargestellt. Zunächst wird das Kunststoffgehäuse mittels Mikrofräsen im Fall erster Demonstratoren oder mittels Heißprägen für größere Stückzahlen hergestellt. Da das auf der Unterseite ebene Distanzstück eine ebene Fläche für eine opimale

Dichtung benötigt, wird der Ventilsitz poliert. Die Oberfläche des Ventilgehäuses liegt mit dem Ventilsitz aus diesem Grund auf einer Ebene und ermöglicht so das Einebnen mittels Polierfolie. Die Membran aus Polyimid und der Aktorträger aus Keramik werden mittels hitzeaktivierbarer Klebefolie (siehe Abschnitt 5.1.1) aufgebracht. Um die Vorspannung des Aktors zu definieren und da der Aktorträger schwierig zu bearbeiten ist, wird das Distanzstück durch Schleifen individuell an jedes Ventil angepasst. Insbesondere dieser Schritt ist sehr zeitraubend, da aufgrund der Bauteilgröße von nur ca. $300 \times 300 \times 500\,\mu m^3$ äußerst aufwändiges manuelles Schleifen notwendig ist. Die nicht mit ausreichender Genauigkeit reproduzierbare Klebeschichtdicke erfordert jedoch diese individuelle Anpassung.

Parallel zu der Herstellung der Kunststoffkomponenten des Ventils, werden die Aktoren strukturiert. NiTi-Folie mit einer Dicke von $20\,\mu m$ wird mittels einer Opferschicht auf einem Substrat fixiert. Nach einem Lithografieschritt und anschließender nasschemischer Strukturierung mittels einer HF / HNO_3 / H_2O Lösung [76], wird die Opferschicht entfernt und die Aktoren liegen lose vor. Eloxierte Aluminiumringe werden auf die Aktoren und, nach erfolgter manueller Justierung des Distanzstückes, auf den Aktorträger geklebt. Die elektrische Kontaktierung erfolgt durch Verschweißen der NiTi-Folie mit den Kontaktierungsstiften mittels eines Lasers oder Spaltschweißgerätes. Die fluidische Kontaktierung schließt den Ventilaufbau ab.

a. Verkleben von Ventilgehäuse, Membran
und Aktorträger

b. Anpassen des Distanzstückes mittels
individuellem Schleifen

c. Schichtaufbau: Substrat - Oferschicht -
NiTi-Folie - Fotolack

d. Lithografische Strukturierung des
Fotolackes sowie ätzen der NiTi-Folie

e. Entfernen des Fotolack und der Opferschicht -> die Aktoren liegen einzeln vor

f. Aufkleben des Kühlkörpers

g. Verbinden von Aktor und Aktorträger
und elektrische + fluidische Kontaktierung

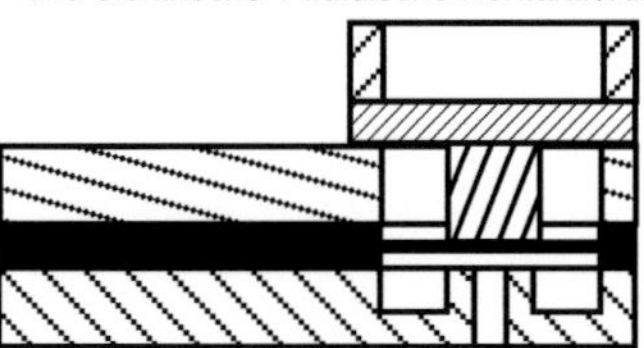

Abbildung 3.7: Prozessablauf des manuellen Ventilaufbaus.

4 Systemdesign und Auslegung

4.1 Marktstudie und Lastenheft

Der Schwerpunkt der vorliegenden Arbeit liegt im Bereich der Technologieentwicklung und nicht auf der Erfüllung definierter Kriterien für eine bestimmte Anwendung. Hierdurch soll ein möglichst weitreichender Einsatz der zu entwickelnden Methoden ermöglicht werden. Dennoch sollen die erreichten Charakteristika der aufzubauenden Demonstratoren im Anwendungsbereich einer für den Markt interessanten Komponente liegen. Folglich ist der erste Schritt eine Marktstudie und ein daraus definiertes Lastenheft. Die aufgelisteten Anwendungsgebiete mitsamt einer kurzen Beschreibung wurden durch die Industriepartner des Q2M Projektes definiert. Durch ein Evaluierungsverfahren wird eine Auswahl aus den vorgeschlagenen Anwendungen getroffen und in einem Fazit zusammengefasst.

4.1.1 Übersicht

Die Marktstudie ergibt zunächst folgende Anwendungsgebiete:

I/P-Konverter

Das Kerngeschäft des Industriepartners PONDUS liegt in der Herstellung von Pneumatikventilen für die Lebensmittelindustrie. Für die Ansteuerung dieser Ventile kommt unter anderem das Modul PXA45 zum Einsatz. Der I/P-Konverter wandelt einen Steuerstrom (I) in einen entsprechenden Druck (P). Wünschenswert sind im Vergleich zu dem existierenden Wandler, die Einsparung einer externen Stromversorgung, sodass nur noch die Steuerleitungen und Druckluftanschlüsse benötigt werden.

Tauchausrüstung

Dieses Anwendungsgebiet ist bezüglich seiner Anforderungen sehr restriktiv, kann durch die Industriepartner jedoch nicht vollständig definiert werden. Es wurde dennoch mit in die Evaluierung einbezogen, da es bislang keine vergleichbare Anwendung im Bereich der Mikrosystemtechnik gibt. Besonderes Augenmerk muss auf die Zuverlässigkeit des Systems gelegt werden.

Mikroreaktoren

Ein Ventil für diese Anwendung muss für hohe Drücke, hohe Temperaturen und hohe Durchflüsse konzipiert sein. Allerdings sind die Herstellungskosten von zweitrangiger Bedeutung, was eine pick-and-place Montage nicht ausschließt und somit nur bedingt in das zu entwickelnde Konzept passt.

Biomedical

Für die in einem Fluid Handhabungsroboter vorhandenen Schläuche, welche aus dem Inneren des Gerätes zu den mehrfach vorhandenen Dosiereinheiten führen, werden Ventile benötigt. Diese sollen das Schalten einer Spüllösung ($HOCl$[1]) ermöglichen. Die Baugröße soll einen Durchmesser von 10 mm nicht überschreiten - das aktuelle Bauteil ist zu groß.

Brennstoffzellen

Ein weiteres durch die Industriepartner identifizierte Anwendungsgebiet für Mikroventile sind mobile Brennstoffzellensystemen. Hier können Sie zur Regelung des Brennstoffes eingesetzt werden und müssen vor allem geringe Baugrößen und einen geringen Energieverbrauch aufweisen.

---

[1]hypochlorige Säure

4.1.2 Evaluierungsverfahren

Da nicht alle Anwendungsgebiete verfolgt und auch nicht alle Anforderungen erfüllt werden können, muss zunächst eine Auswahl getroffen werden. Hierzu werden die Hauptanforderungen aufgelistet und mit den verfügbaren Technologien hinsichtlich des Ventil- und Aktorprinzips verglichen.

Für die Auswahl wird folgende Nomenklatur verwendet:

+	möglich
?	eventuell möglich (weitere Untersuchungen notwendig)
-	nicht möglich
gate	Si-Mikroventil nach dem Plattenschieberprinzip
seat	Kunststoff-Mikroventil nach dem Sitz-Prinzip
PZT	piezoelektrischer Aktor
SMA	Formgedächtnisaktor

Exemplarisch ist hier die durchgeführte Evaluierung für drei Anwendungsgebiete dargestellt. Die weiteren Auswahlmatrizen sind im Anhang A.1 aufgeführt.

Das Anwendungsgebiet „Tauchausrüstung" (siehe Tabelle A.2 im Anhang) lässt beispielsweise keinen Leckfluss zu, wodurch das Prinzip eines Sitzventil zwingend ist. Der hohe Druck der Anwendung stellt diese Auswahl jedoch in Frage und erfordert eine weitere Prüfung. Die elektrischen Randbedingungen können allerdings von keinem der geplanten Aktorprinzipien erfüllt werden. Die erlaubte maximale elektrische Spannung ist zu niedrig für einen Piezoaktor. Die geringe maximal erlaubte Stromstärke wiederum schließt einen Formgedächtnisaktor aus. Folglich wurde das Anwendungsgebiet mit den verfolgten Ansätzen als nicht realisierbar eingestuft und verworfen.

Als weiteres Beispiel sei hier die Anwendung „Biomedical" genannt (siehe Tabelle 4.1). Durch den unzulässigen Leckfluss fällt das Ventilprinzip eines Gate-Ventils aus. Als Aktoren kommen sowohl piezoelektrische Prinzipien, als auch Formgedächtnislegierungen in Frage. Aufgrund des hohen geforderten Durchflusses und dem somit notwendigen großen Hub sind letztere leicht im Vorteil.

Das Anwendungsgebiet „Brennstoffzelle" (siehe Tabelle 4.2) fordert ein komplettes Schließen des Mikroventils und erlaubt somit keinen Leckfluss. Besondere Anforderungen werden an das Material gestellt, welches gegen Methanol und Ethanol beständig sein muss. Die hohen Schaltfrequenzen sprechen für die Verwendung eines Piezoaktors, wobei die geringe maximal erlaubte Spannung eine Überprüfung erfordert.

4.1.3 Fazit

Aus der Evaluierung der verschiedenden Anwendungen und Anforderungen an ein Mikroventil werden die beiden Bereiche „Biomedical" und „Brennstoffzelle" herausgegriffen. Diese lassen eine gute Realisierbarkeit mittels der Technologie eines Kunststoff-Mikroventils durch unterschiedliche Aktorkonzepte vermuten. Von dem Projektpartner KTH wird das Anwendungsbeispiel „IP-Konverter" aufgegriffen und verfolgt.

Zusammenfassend ergeben sich somit für die Kunststoff-Mikroventile folgende Kernanforderungen:

4.1.4 Anwendungsgebiet „Biomedical"

Druckdifferenz	200 kPa
Durchfluss	200 ml/min
Medium	HOCl
Antwortzeit	10 ms

Materialien: Im ersten Projektabschnitt wird zunächst PMMA als Gehäusematerial verwendet. Später wird die Materialpalette um PSU erweitert, um die geforderte Resistenz gegen die Spüllösung HOCl erfüllen zu können.

Mikroaktorik: Um die hohe Durchflussrate von 200 ml/min erreichen zu können, wird ein Aktor mit großem Hub benötigt. Große Kanalquer-

		gate	seat	PZT	SMA
Ventiltyp relevant					
Druckdifferenz [kPa]	200	+	+		
Durchfluss [ml/min]	200	+	?		
max. Leckfluss [ml/min]	0	-	+		
Medium	HOCl	+	+		
Aktor relevant					
Antwortzeit [ms]	< 10			+	+
Energieverbrauch [mW]					
max. Spannung [V]	5 - 24			?	+
max. Strom [mA]					
Betriebstemperatur [°C]					
Auswahl		-	+	+	+

Tabelle 4.1: Auswahlmatrix des Ventilprinzips und Aktorprinzips für das Anwendungsgebiet „Biomedical".

		gate	seat	PZT	SMA
Ventiltyp relevant					
Druckdifferenz [kPa]	40 - 50	+	+		
Durchfluss [ml/min]	4 - 11	+	+		
max. Leckfluss [ml/min]	0	-	+		
Medium	Methanol / Ethanol	+	+		
Aktor relevant					
Schaltfrequenz [Hz]	200			+	-
Energieverbrauch [mW]					
max. Spannung [V]	5 - 12			?	+
max. Strom [mA]					
Betriebstemperatur [°C]	-10 - +40			+	+
Auswahl		-	+	+	-

Tabelle 4.2: Auswahlmatrix des Ventilprinzips und Aktorprinzips für das Anwendungsgebiet „Brennstoffzelle".

schnitte wiederum fordern eine hohe Leistungsdichte der aktiven Materialien. Beide Kriterien bevorzugen Aktoren aus FGL-Filmen, weshalb dessen Einsatz geplant ist.

Technologien: Die Batch-Integration der Mikroaktoren in PMMA und PSU Gehäuse, erfordert neue Hybrid-Integrations-Verfahren, welche innerhalb der vorliegenden Arbeit entwickelt werden.

4.1.5 Anwendungsgebiet „Brennstoffzelle"

Druckdifferenz	40 - 50 kPa
Durchfluss	4 - 11 ml/min
Medium	Methanol / Ethanol
Schaltfrequenz	200 Hz

Materialien: Mit Methanol betriebene Brennstoffzellen stellen besondere Anforderungen an die Fluidikomponenten der Brennstoffversorgung. Mögliche Materialien sind Polyvinylidenfluorid (PVDF), Polytetrafluorethylen (PTFE, unter dem Handelsname Teflon der Firma Dupont bekannt) und Polysulfon (PSU).

Mikroaktorik: Aufgrund der hohen Schaltfrequenzen wird eine Aktorlösung aus dem piezokeramischen Bereich bevorzugt. Die kleinen Durchflussmengen, welche nur einen geringen Hub erfordern und die niedrigen Drücke, die wiedrum eine präzise Regelung verlangen, sprechen ebenfalls für dieses Aktorprinzip.

Technologien: Im Vergleich zum Anwendungsgebiet „Biomedical" fordern sowohl die Aufbau- und Verbindungstechnik, aufgrund der unterschiedlichen Polymere der Gehäuseelemente, als auch die Integration der Piezoaktoren eine separate Prozessentwicklung.

Für die vorliegende Arbeit geht im Folgenden exemplarisch auf die Anwendung „Biomedical" und die damit verbundenen Aufbau- und Verbindungs- sowie Integrationtechnologien ein. Bei deren Entwicklung steht wie bereits erwähnt immer die universelle Anwendbarkeit im Vordergrund, weshalb die

Techniken und Technologien nicht auf ein bestimmtes Mikrosystem und Anwendungsgebiet beschränkt sind.

4.2 Mikroaktorik

Als Aktoren für die Mikroventile sollen drei verschiedene Materialkategorien, deren Auswahl sich durch die Anforderungen aus dem Lastenheft ergeben, zum Einsatz kommen. Zwei der Materialien werden durch die Projektpartner des Q2M-Projektes beigestellt. So ist die Katholieke Universiteit Leuven (KUL) für neuartige FGL-Composites verantwortlich, die Cranfield University (CRU) stellt mehrschichtige Piezoaktoren zur Verfügung und die eigene Arbeitsgruppe trägt mit dünnen FGL-Filmen und -Folien zu dem Projekt bei.

4.2.1 Piezo-Aktoren

Aufgrund der typischen Eigenschaften von piezoelektrischen Materialien ist dieser Aktortyp besonders interessant für Anwendungen die einen geringen Energieverbrauch und eine hohe Dynamik erfordern. Gemeinsam mit dem Projektpartner Cranfield University (CRU) wurde ein Prozessschema zur Herstellung von Piezoaktoren für Mikroventile entwickelt [77]. Die Aktoren sollen zum Einsatz kommen, wenn seitens des Anwendungsgebietes nur geringe Durchflüsse, aber proportionales Steuerungsverhalten und geringer Stromverbrauch gefordert sind. Das Layout der Ventile wurde bereits an die Erfordernisse der Keramiken angepasst. Da im Laufe dieser Arbeit jedoch noch keine funktionsfähigen Demonstratoren oder Prototypen der Aktoren durch den Projektpartner gerfertigt werden konnten, kann zu diesem Zeitpunkt noch keine genaue Aussage über die Leistungsfähigkeit und genaue Geometrie der Aktoren getroffen werden.

4.2.2 FGL-Verbundwerkstoffe

Als neuartiges Aktor-Material sollen FGL-Verbundwerkstoffe zum Einsatz kommen. Der geplante Aufbau sieht zwei Versionen vor. In der ersten werden FGL-Drähte von einer Polymermatrix umschlossen. Im Herstellungsprozess werden die FGL-Drähte zunächst vorgespannt und dann durch Laminieren von Polymer umschlossen [78]. Das Beheizen der Drähte kann sowohl direkt durch elektrischen Strom als auch indirekt erfolgen. Im ersten Fall müssen entsprechende elektrische Verbindungen zur Kontaktierung direkt am Aktor vorgesehen werden. Als zweite Version soll eine Formgedächtnislegierung in Pulverform in eine Polymermatrix eingebracht werden. Der Fokus der Untersuchungen liegt hier auf einem Spin-On Verfahren, welches es erlauben soll FGL-Verbundwerkstoffe direkt auf die Funktionsstrukturen aufzuschleudern. Auch die Herstellung der FGL-Verbundwerkstoffe befindet sich derzeit noch in der Testphase beim Projektpartner. So konnten während des Verlaufs der Arbeit keiner dieser Aktoren für den Einsatz in Mikroventilen näher untersucht werden.

4.2.3 FGL-Folien

Als Aktoren für das ausgewählte Anwendungsgebiet „Biomedical" stehen dünne Folien aus Formgedächtnislegierungen im Mittelpunkt der Untersuchungen. Zum einen bieten sie die nötige Kraft, um das Ventil sicher zu verschließen, zum anderen erlauben die Aktoren aus FGL große Stellwege, welche für einen hohen Durchfluss benötigt werden. Im Folgenden werden kaltgewalzte 20 µm dicke Folien aus NiTi ausgewählt, welche bereits in planer Form vom Hersteller konditioniert sind. Die Umwandlungstemperaturen werden zunächst mittels einer DSC-Messung (Abbildung 4.1) und durch die Bestimmung des elektrischen Widerstandes bei verschiedenen Temperaturen (Abbildung 4.2) bestimmt.

Die Auswertung mittels Anlegen einer Tangente an den Bereich vor und nach einer Änderung der Steigung der Widerstandskurve und Ablesen der

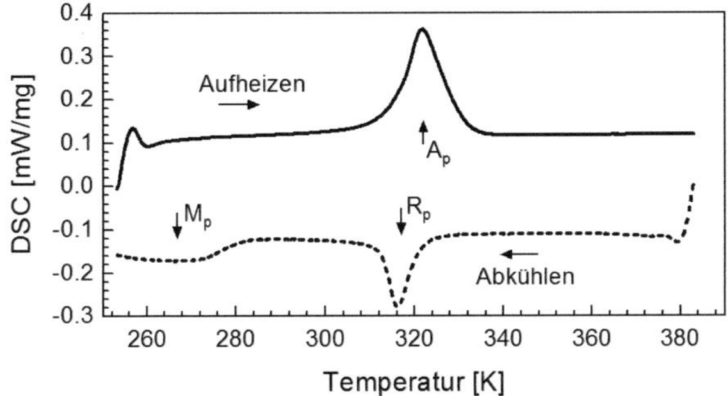

Abbildung 4.1: DSC-Messung der 20 µm dicken NiTi-Folie.

Phasenzustand	Temperatur
Austenit start (A_s)	36 °C
Austenit finish (A_f)	55 °C
R-Phase start (R_s)	52 °C
R-Phase finish (R_f)	45 °C
Martensit start (M_s)	7 °C
Martensit finish (M_f)	−45 °C

Tabelle 4.3: Tabelle der mit Hilfe des elektrischen Widerstandes ermittelten Phasenumwandlungstemperaturen.

Schnittpunkte ergibt die in Tabelle 4.3 dargestellten Werte der Start- und Endtemperaturen für die Materialumwandlung.

Als wichtigste Kennzahl liegt die R-Phasen Endtemperatur ausreichend über der Raumtemperatur und erlaubt somit einen Einsatz der gefertigten Aktoren bei dieser Temperatur wie im Lastenheft gefordert. Um den Aktoren die entsprechende Geometrie zu geben, ist ein Strukturierungsprozess notwendig. Eine Möglichkeit ist das Schneiden mittels Laser. Nachteilig für dieses Verfahren ist eine thermische Belastung des Materials, was insbesondere für dünne Folien zu Problemen führen kann. Der FGL-Effekt wird in den aufgeheizten Randschichten durch Gefügeumwandlungen und eindiffundierenden Sauerstoff abgeschwächt. Eine schonende und präzise Möglichkeit der Herstellung ist das nasschemische Ätzen, dem ein

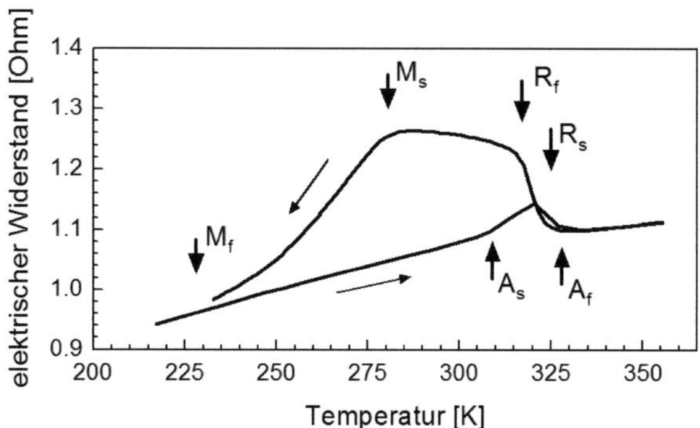

Abbildung 4.2: Darstellung des elektrischen Widerstands in Abhängikeit von der Temperatur der 20 μm dicken NiTi-Folie (Geometrie: Doppelbiegebalken).

Lithografieschritt voraus geht. Kleinste Strukturelemente bei praktisch keiner mechanischen und thermischen Belastung sind hierdurch möglich. Folglich wird diese Fertigungsmethode gewählt, da das Prinzip auch eine Batch-Fertigung durch die Strukturierung großflächiger Substrate erlaubt.

4.3 Das Ventilgehäuse

4.3.1 Layout

Als Basis für die zu fertigenden Mikroventile wird das am Institut entwickelte Ventil, wie in Kapitel 3.4 erläutert, als Grundlage verwendet. Durch den schichtweisen Aufbau eignet es sich gut als Demonstrator für die Entwicklung von batchfähigen Fertigungsprozessen. Die Gehäuse der Mikroventile sollen durch doppelseitiges Heißprägen in PMMA und im weiteren Verlauf des Projektes in PSU abgeformt werden, da mittels dieses Verfahrens rasch mit den notwendigen Formeinsätzen aufgrund kurzer Fertigungszeiten zu rechnen und ein Wechsel von unterschiedlichen Kunststoffen leicht möglich ist. Eine doppelseitig justierte Abformung ist mit der am Institut vorhandenen Heißprägepresse HEX03 der Firma Jenoptik möglich. Für die Justage kann das untere Werkzeug mittels eines x-/y-Tisches, welcher durch Schrittmotoren angetrieben ist, in der horizontalen Ebene sowohl lateral als auch rotatorisch bewegt werden. Um die Formeinsätze fertigen zu können, müssen zunächst die Auslegungsparameter des Ventils wie Ventilsitz- und Ventilkammerdurchmesser gefunden werden, damit diese dann zur Fertigung der Formeinsätze entsprechend berücksichtigt werden können. Diese Werte hängen stark mit den Geometriegrößen des Aktors zusammen und beeinflussen sich gegenseitig.

4.3.2 Auslegungsparameter

Für die Festlegung der Ventilgeometrien sind zunächst folgende Auslegungsparameter zu bestimmen (siehe Abbildung 4.3):

- Ventilkammerdurchmesser

- Hub des Aktors

- Ventilsitzdurchmesser

Alle drei Parameter beeinflussen unmittelbar das Durchflussverhalten des Ventils. Durch den Ventilkammerdurchmesser ist die Fläche der Membran definiert, wodurch sich wiederum die Kraft auf den Aktor durch den angelegten Druck ergibt. Der Ventilsitzdurchmesser ergibt den Umfang des Ventilsitzes und in Kombination mit dem Hub, den zur Verfügung stehenden Strömungsquerschnitt für das durchfließende Medium.

Großen Einfluss auf den Hub und somit das spätere charakteristische Verhalten des Ventils hat die Vorauslenkung des Aktors. Sie hängt von

- dem Ventilsitzdurchmesser,

- der Membrandicke,

- dem Durchmesser des sphärischen Abstandshalters,

- der Aktorträgerdicke und

- der Klebschichtdicken

ab und lässt sich nach Gleichung 4.1 und 4.2 (siehe auch Abbildung 4.4) berechnen. Während der Prozessentwicklung für die Ventilfertigung muss ein besonderes Augenmerk auf die genaue Einhaltung des Wertes der Vorauslenkung gelegt werden. Dies zeigt insbesondere das folgende Kapitel zur Auslegung des Aktors und der Vorauslenkung.

$$Vorauslenkung = D_1 + R_{Kugel} - D_{Aktorträger} \qquad (4.1)$$

$$D_1 = \sqrt{(R_{Kugel} + D_{Membran})^2 - R^2_{Ventilsitz}} \qquad (4.2)$$

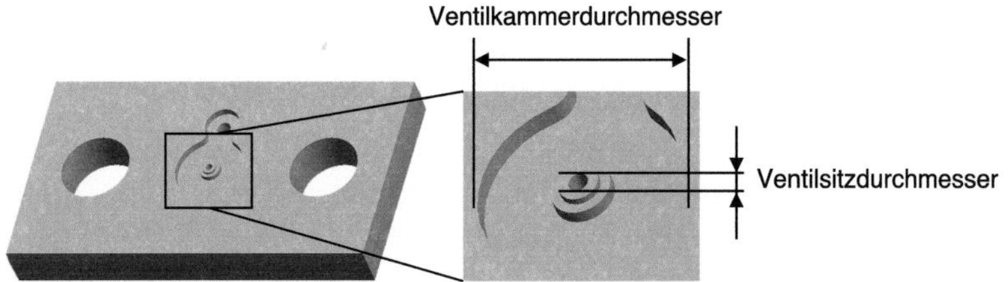

Abbildung 4.3: Auslegungsparameter: Membran- und Ventilsitzdurchmesser.

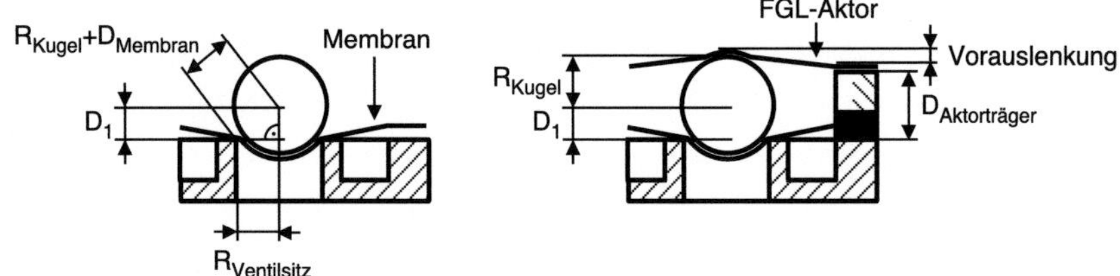

Abbildung 4.4: Modell zur Berechnung der Vorauslenkung.

4.4 Der Aktor, Auslegung und Design

Um die Geometrien des Aktors, des Ventilsitzes und der Vorauslenkung richtig zu dimensionieren, wird das Verhalten des zu entwickelnden Ventils mit Hilfe einer mathematischen Abschätzung simuliert. Das als Grundlage dienende Modell ist in Abbildung 4.5 als Schema dargestellt. Über den an der Membran anliegenden Druck, wird die Kraft F_M auf den Aktor ausgeübt und es stellt sich ein Gleichgewichtszustand ein.

Die Aktorstege können als Seil nach dem in Abbildung 4.5 dargestellten Modell definiert werden. Die Spannung innerhalb eines Steges lässt sich somit nach Gleichung 4.3 berechnen. Eine ausführliche Herleitung findet sich im Anhang A.2.

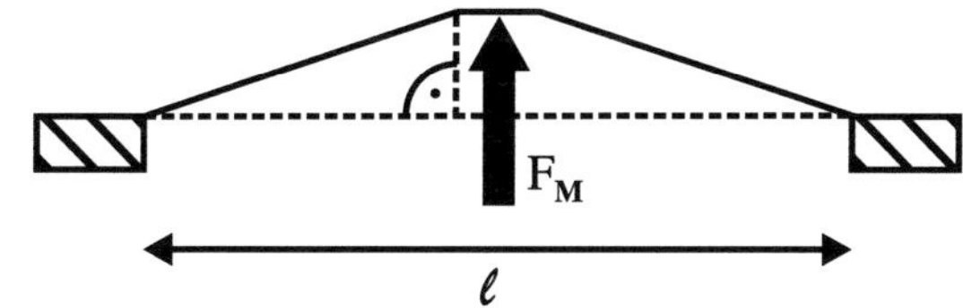

Abbildung 4.5: Modell der mathematischen Abschätzung.

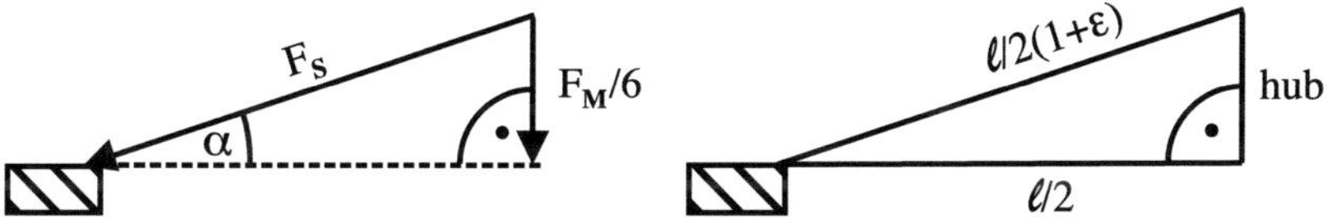

Abbildung 4.6: Trigonometrische Abhängigkeit der Kraft durch den Druck auf die Membran F_M, der Kraft im Steg F_S und dem sich einstellenden Winkel α (links) sowie der Abhängigkeit der Aktorlänge l, der Dehnung ε und dem *hub* (rechts).

$$\sigma = \frac{(F_M\, l\, E)}{(12\, b_S\, h_S\, hub\, E - F_M\, l)} \qquad (4.3)$$

Mit der Beziehung zwischen E-Modul, Spannung und Dehnung nach

$$\varepsilon = \frac{\sigma}{E} \qquad (4.4)$$

sowie der Beziehung zwischen Hub und Dehnung nach dem Satz des Pythagoras (siehe auch Abbildung 4.6)

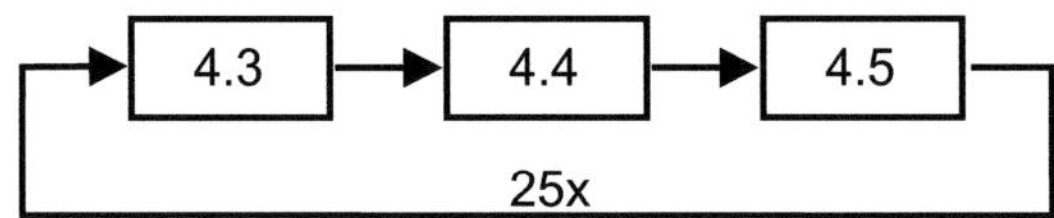

Abbildung 4.7: Ablaufschema der Simulation des Durchflusses und Ventil-hubes.

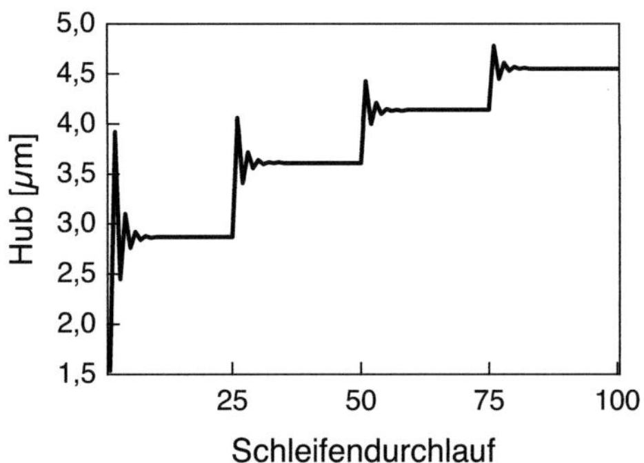

Abbildung 4.8: Konvergenzverhalten des verwendeten Ablaufschemas.

$$hub = \sqrt{(\frac{1}{2}\,l\,(1+\varepsilon))^2 - (\frac{1}{2}\,l)^2} \qquad (4.5)$$

können der Hub des Aktors und die Spannung im Material abgeschätzt werden. Hierzu wird jeweils das Ergebnis der Gleichungen 4.3 bis 4.5 in einer Schleife in die Darauffolgende eingesetzt (siehe Abbildung 4.7). Der Druck wird mit einer Schrittweite von 5 kPa stufenweise erhöht und die Schleife jeweils 25 mal durchlaufen. Abbildung 4.8 zeigt, dass der Hub bereits nach ca. 7 Schleifendurchläufen einen stabilen Wert erreicht hat. Als Startwert wird ein Hub von 10 μm beliebig gewählt.

Der Durchfluss Φ des Mikroventils in Abhängigkeit des Hubes lässt sich nach Gleichung 4.6 für Flüssigkeiten oder Gleichung 4.7 für Gase und Gleichung 4.8 berechnen [79]. $A(hub)$ ist hierbei die Fläche, welche sich aus dem Umfang des Ventilsitzes und dem Hub ergibt und somit den Strömungsquerschnitt definiert.

Parameter	Spezifikation
Aktordurchmesser	4000 µm
	(3800 µm in Simulation)
Aktorbreite b	90 µm
Aktorhöhe h	18 µm
Membrandurchmesser	2000 µm
Vorauslenkung des Aktors	155 µm
Ventilsitzdurchmesser	400 µm
Medium	Wasser

Tabelle 4.4: Für die Abschätzung des Ventildurchflusses bei Flüssigkeiten verwendete Parameter.

$$\Phi = \frac{A(hub)}{2\sqrt{\zeta}} \sqrt{\frac{2}{\rho} \frac{p_{Einlass}^2}{p_{Auslass}}} \tag{4.6}$$

$$\Phi = \frac{A(hub)}{\sqrt{\zeta}} \sqrt{\frac{2\Delta p}{\rho}} \tag{4.7}$$

$$A(hub) = d_{sitz} \pi \, hub \tag{4.8}$$

Nach Anpassen der charakteristischen Geometrien und Optimierung auf die im Lastenheft geforderten Eigenschaften werden die Werte, wie in Tabelle 4.4 zu sehen, ermittelt. Der Aktordurchmesser wird für die Simulation um 200 µm verringert, um dem nicht zum Antrieb beitragenden Zentrum des Aktors Rechnung zu tragen.

Die sich daraus ergebenden Durchflüsse sind in Abbildung 4.9 dargestellt. Im unbeheizten Zustand stellt sich der Durchfluss der Kurve „R" in Abhängigkeit des Druckes ein. Wenn die Formgedächtnislegierung beheizt wird und das Ventil schließt, kann das Ventilverhalten nach der Kurve „A" charakterisiert werden. Wie zu erkennen ist, lässt das so dimensionierte Ventil einen Durchfluss von ca. 90 ml $\cdot$ min^{-1} bei 200 kPa zu. Unter 210 kPa schließt das Ventil bei betriebenem Aktor vollständig. Zum Öffnen des

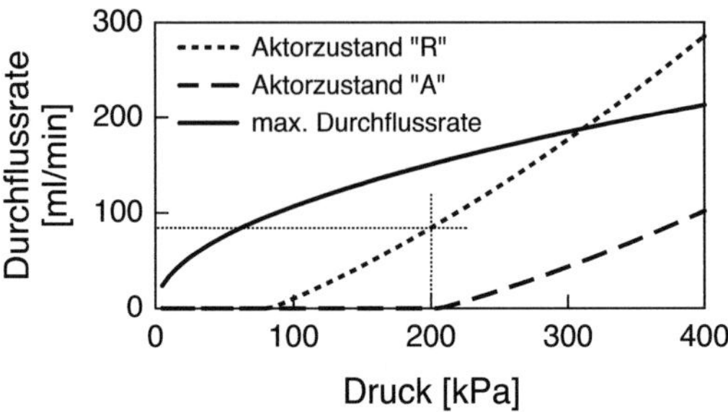

Abbildung 4.9: Abschätzung des Durchfluss über Druck Verhaltens eines Mikroventils mit einem Ventilsitzdurchmesser von 400 μm. Als Medium wurde Wasser und als Vorauslenkung 155 μm angenommen.

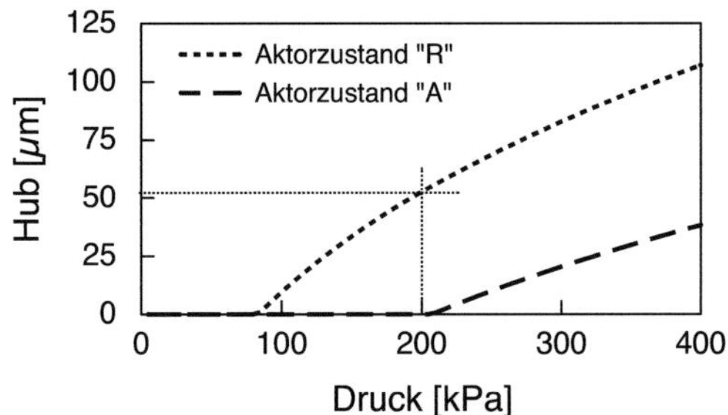

Abbildung 4.10: Simulation des Ventilhubes bei verschiedenen Drücken.

Ventils ist ein Druck von mindestens 90 kPa erforderlich. Der spezifizierte Durchfluss von $200\,\text{ml} \cdot \text{min}^{-1}$ wird zwar nicht erreicht, allerdings ist der Wert der geforderten Spezifikation als maximal sinnvolle Größe zu verstehen. Alternativ können mehrere Ventile fluidisch parallel geschaltet werden, um den Durchfluss zu erhöhen. Zur Vorspannung des Aktors wird eine Vorauslenkung von 155 μm benötigt. Beim Auslegungsdruck von 200 kPa ergibt sich dadurch ein Hub der Membran vom Ventilsitz von ca. 50 μm (siehe Abbildung 4.10).

Parameter	Spezifikation
Aktordurchmesser	2000 µm (1800 µm in Simulation)
Aktorbreite	90 µm
Aktorhöhe	18 µm
Membrandurchmesser	2000 µm
Vorauslenkung des Aktors	75 µm
Ventilsitzdurchmesser	400 µm
Medium	Stickstoff (gasförmig)

Tabelle 4.5: Für die Abschätzung des Ventildurchflusses bei Gasen verwendete Parameter.

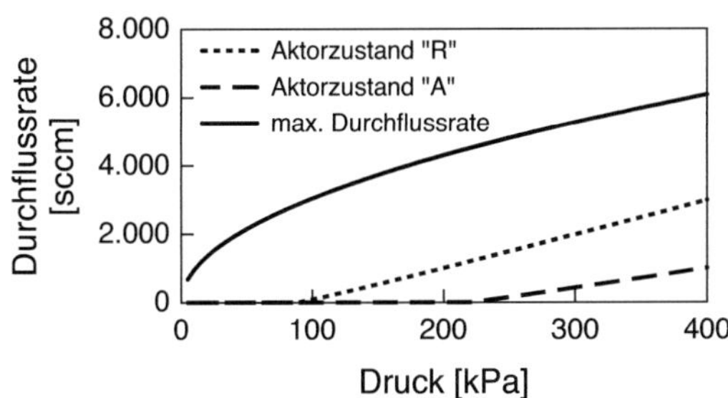

Abbildung 4.11: Simulation des Ventildurchflusses bei verschiedenen Drücken für gasförmigen Stickstoff bei 75 µm Vorauslenkung.

Da die Messeinrichtungen zur späteren statischen und dynamischen Charakterisierung der Ventile für gasförmige Medien ausgelegt sind, wird das Ventilverhalten mit den in Tabelle 4.5 dargestellten Werten berechnet. Die Aktor- und Ventilgeometrien werden im Folgenden mit diesen angepassten Parametern prozessiert, da sie keinen Einfluss auf die Entwicklung der Prozesskette haben aber die Charakterisierung erheblich vereinfachen. Der wesentliche Unterschied zu der ersten Simulation besteht im verringerten Aktordurchmesser, daraus resultierendem geringeren Ventilhub und somit verringerter maximaler Durchflussmenge (siehe Abbildung 4.11). Eine Anpassung der Aktorgeometrie ist später leicht möglich.

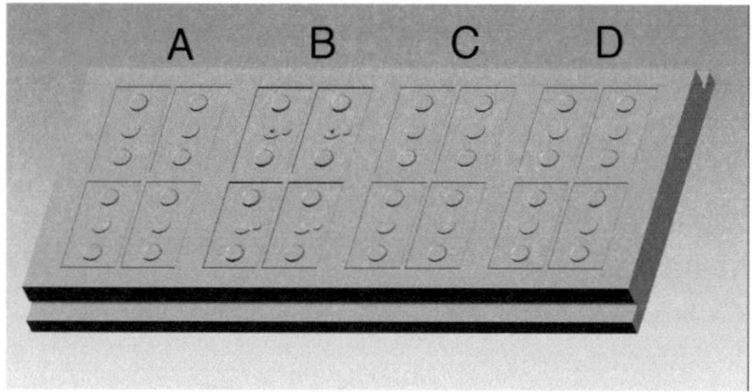

Abbildung 4.12: Layout Formeinsatz #1.

4.5 Kunststoffreplikation

4.5.1 Layout und Herstellung der Formeinsätze

Als Designgrundlage für das Layout der Formeinsätze dienen im Wesentlichen die Vorarbeiten am Institut und das durch die Industriepartner des EU-Projekts spezifizierte Lastenheft. Das Layout berücksichtigt sowohl die Integration von FGL-Folien als auch von Piezoaktoren. Das Layout basiert auf einem Vierer-Nutzen Ventilgehäuse, welches mit drei verschiedenen Deckeln kombiniert werden kann (1x Kleben mittels hitzeaktivierbarer Folien, 2x Verbinden mittels Ultraschallschweißen) (siehe Abbildung 4.12 und 4.13):

Bereich A Gehäusedeckel zur Verwendung beim Bonden mittels hitzeaktivierbarer Folie.

Bereich B Ventilgehäuse mit dem Ventilsitz.

Bereich C Gehäusedeckel mit unterschiedlichen Größen der Energierichtungsgeber.

Bereich D Gehäusedeckel mit einheitlichen Größen der Energierichtungsgeber.

Die Formeinsätze #1 (FE #1) und #2 (FE #2) werden mittels Mikrofräsen am Forschungszentrum Karlsruhe hergestellt. Die anschließende Kontrolle der geometrischen Größen ergibt die Eignung der Formeinsätze. Hier soll

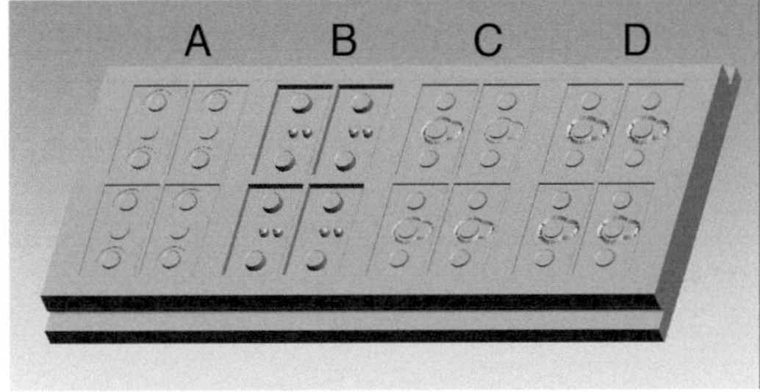

Abbildung 4.13: Layout Formeinsatz #2.

Abbildung 4.14: Formeinsatz #1 aus „Ampcoloy 944" – hergestellt durch Mikrofräsen.

im Folgenden nur die Überprüfung exemplarisch ausgewählter Details dargestellt werden.

Beide Formeinsätze werden aus einer Kupferlegierung (FE #1) bzw. durch Nanopartikel aus Aluminiumoxid (Al_2O_3) verstärktem Kupfer (FE #2) hergestellt (siehe Abbildung 4.14 und Abbildung 4.15). Die Materialien zeichnen sich insbesondere durch geringen Festigkeitsverlust bei höheren Temperaturen aus, was für das Heißprägen von Hochtemperatur-Polymeren von Bedeutung ist. Abbildung 4.16 zeigt eine typische gefräste Struktur. Es sind keine Ausbrüche, keine fehlenden Strukturdetails und nur geringe Gratbildung zu sehen.

Die Lage der Mittelpunkte aller runden Strukturen werden mit der eingangs erwähnten Koordinatenmessmaschine ermittelt und anschließend mit den

Abbildung 4.15: Formeinsatz #2 aus „Glidcop Al 60" – hergestellt durch Mikrofräsen.

Abbildung 4.16: Mittels eines Rasterelektronenmikroskops aufgenommenes Bild der Taschenstruktur für die Energierichtungsgeber des Ultraschall-Schweißprozesses (Mitte) und die Strukturen zum Abformen der Durchgangslöcher für die elektrische Kontaktierung (links unten / rechts oben).

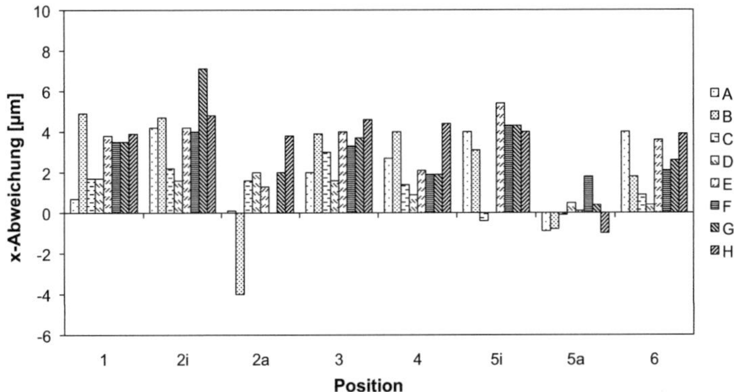

Abbildung 4.17: x-Abweichung der Strukturdetails auf Formeinsatz #1.

Sollwerten verglichen. Die Abweichungen für FE #1 in lateraler Richtung sind in Abbildung 4.17 und Abbildung 4.18 dargestellt. Sie betragen in x-Richtung +5/-4 µm und in y-Richtung +7/-4 µm. Für die Mikroventile sind diese Werte ausreichend. Das Höhenprofil (siehe Abbildung 4.19) deutet auf einen Keilfehler des Formeinsatzes hin. Dieser kann durch die Verwendung entsprechender Unterlegstreifen beim Einbau in den Werkzeughalter ausgeglichen werden. Die lateralen Toleranzwerte für den Formeinsatz FE #2 liegen in einem vergleichbaren Bereich. Ein Keilfehler konnte nicht festgestellt werden (weitere Messergebnisse siehe Anhang A).

4.5.2 Heißprägen

Die Formeinsätze (FE #1 und FE #2) werden auf einer Heißprägeanlage HEX03 getestet. Hierzu wird zunächst Polymethylmethacrylat (PMMA) als Prägematerial verwendet und nach Ermittlung der Prägeparameter ein abgeformtes Bauteil (siehe Abbildung 4.20) vermessen. Die Ergebnisse sind aufgrund ihres Umfangs hier nur auszugsweise wiedergegeben. Besonders auffällig ist das verhältnismäßig hohe Schrumpfmaß von durchschnittlich 0,43% des verwendeten PMMA Materials „Hesa Glas" (siehe Abbildung 4.21). Die

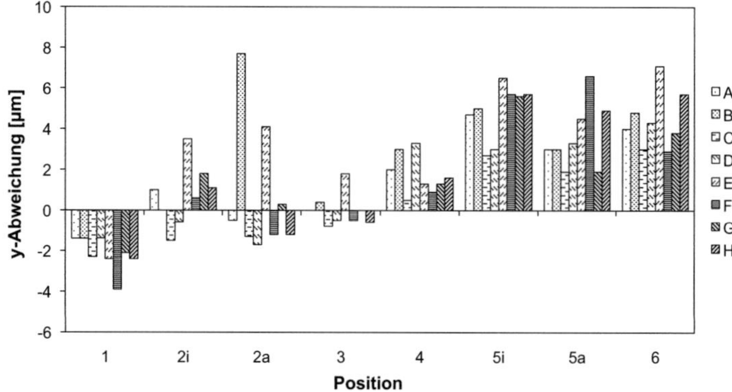

Abbildung 4.18: y-Abweichung der Strukturdetails auf Formeinsatz #1.

um diesen Faktor korrigiert aufgetragenen Strukturabweichungen (siehe Abbildung 4.22 sowie im Anhang Abbildung A.6, A.7 und A.8) liegen im Bereich der Formeinsatztoleranzen. Der härtere Formeinsatz FE1 zeigt keine Abnutzungserscheinungen. Der weichere Formeinsatz FE2 hingegen zeigt deutliche Eindrücke (siehe Abbildung 4.23). Hierfür ist der für das Prägen von Durchgangslöchern erforderliche aber hier zu große gewählte Härteunterschied der beiden Formeinsätzen von HV(0,1) 363 des Formeinsatzes #1 gegenüber HV(0,1) 190 des Formeinsatzes #2 verantwortlich.

Nachdem die ersten Abformungen mit PMMA erfolgreich verlaufen, folgen weitere unter Verwendung des alternativen Kunststoffes Polysulfon (PSU). Er erfüllt die Bedingungen der Spezifikationen hinsichtlich der Beständigkeit gegen HOCl des Anwendungsbereiches „Biomedical", kann aber aufgrund der Beständigkeit gegen Ethanol auch für den Anwendungsbereich „Brennstoffzelle" verwendet werden. Die Abformergebnisse sind hier hinsichtlich der Geometrietreue vergleichbar. Die Toleranzen liegen wie bei den in PMMA replizierten Gehäuseteilen in dem Bereich der Qualität der Formeinsätze. Das Schrumpfmaß liegt jedoch deutlich unterhalb dem von PMMA. Die Genauigkeit der Abformung bezüglich der lateralen Abmaße von Ventilgehäuse und Aktorträger steht somit einer Fertigung der Mikroventile nicht im Wege.

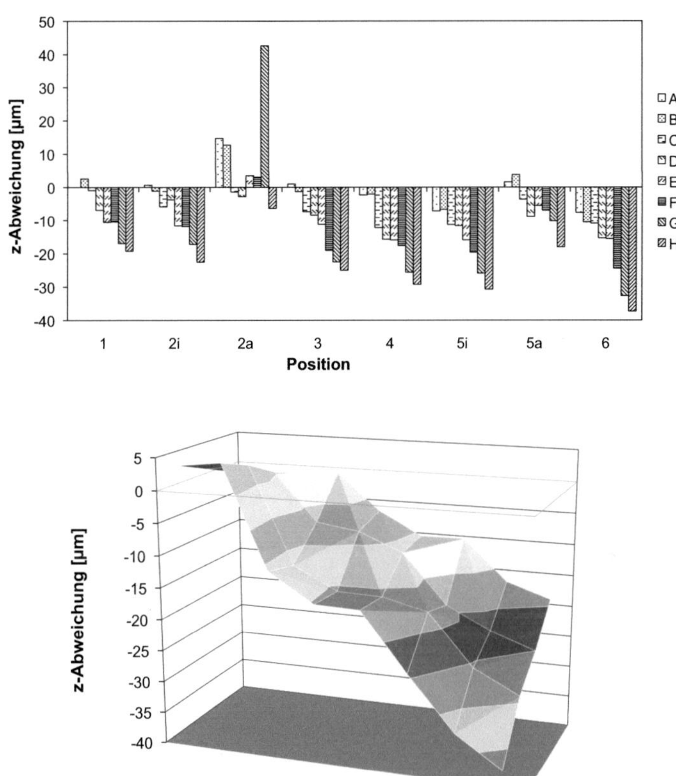

Abbildung 4.19: z-Abweichung der Strukturdetails auf Formeinsatz #1 (oben) und graphische Darstellung des Keilfehlers über den Formeinsatz (unten).

Abbildung 4.20: Heißgeprägte Mikroventilstrukturen aus PMMA.

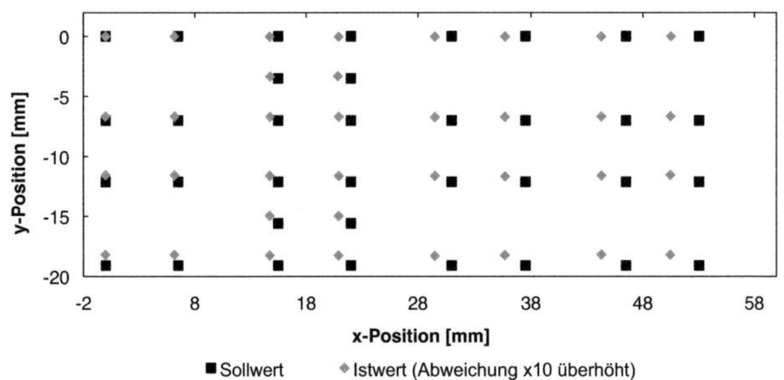

Abbildung 4.21: Vergleich Soll-/Istposition der Durchgangslöcher für die elektrische Kontaktierung. Die systematische Abweichung von der Sollposition ist auf das Schrumpfen des Kunststoffes beim Abkühlen zurückzuführen. (Position oben links als x=y=0 gesetzt; Abweichungen um den Faktor 10 überhöht dargestellt)

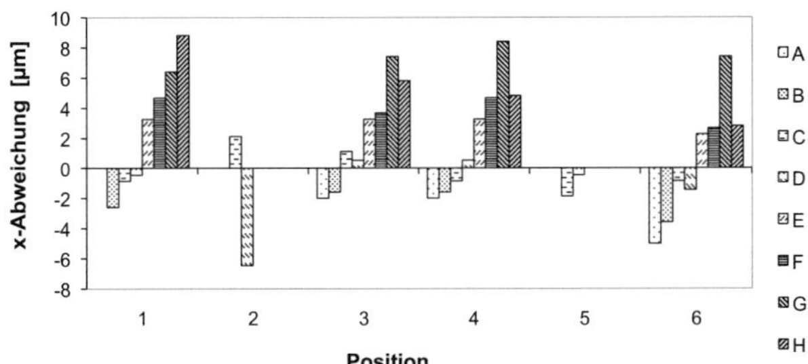

Abbildung 4.22: x-Abweichung der Strukturdetails (Seite des Formeinsatzes #1; um den Faktor des durchschnittlichen Schrumpfmaßes korrigiert).

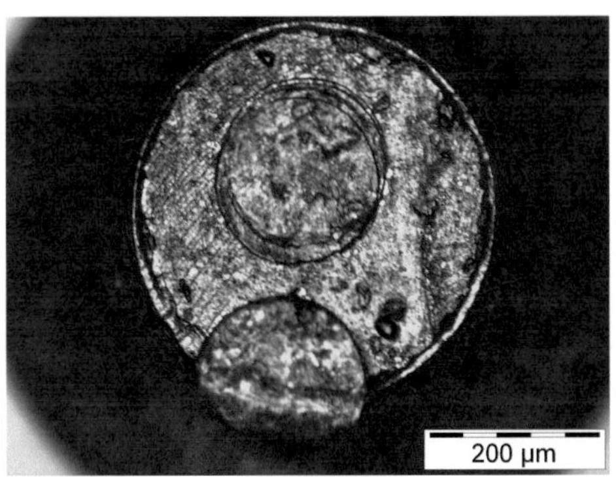

Abbildung 4.23: Eindrücke in Formeinsatz #2.

5 Parallelfertigung hybrider Mikrosysteme

5.1 Aufbau- und Verbindungstechnik

Die Aufbau- und Verbindungstechnik spielt bei der vorliegenden Arbeit die zentrale Rolle, da die Funktionsfähigkeit und Leistung der Ventile wesentlich von der Genauigkeit der Montageprozesse und Maßstabilität der Verbindungen abhängt. In Vorarbeiten wurden die entsprechenden Toleranzen mittels individueller Anpassung des Spacers durch einen zusätzlichen und aufwändigen Schleifprozess ausgeglichen. Dies ist für eine Batch-Fertigung nicht akzeptabel und muss durch konstruktive Änderungen des Ventilaufbaus sowie Anpassung und Neuentwicklung der Prozessabläufe an die Parallelfertigung angepasst werden. Um die einzelnen Funktionsebenen des Ventils miteinander zu verbinden, kommen Verbindungstechniken zum Einsatz, die eine Batch-Fertigung erlauben. Insbesondere die Verwendung von Klebefolien für großflächige Verbindungen sowie das Schweißen mittels Ultraschall und Heißsiegeln für chemisch inerte und biokompatible Verbindungen werden untersucht.

5.1.1 Hitzeaktivierbare Klebefolie

Da Verbindungen bei niederviskosen Klebstoffen immer die Gefahr unkontrollierten Fließens des Klebers durch Kapillarkräfte während des Klebeprozesses beinhalten, wird hier ein anderer Ansatz gewählt. Die Verwendung von Klebefolien erlaubt durch deren Strukturierung eine genaue Definition der Klebeflächen. Die Handhabung der Folien wird durch ihre spätere Aktivierung, welche erst nach der Montage durch Druck und Wärme geschieht, wesentlich erleichtert. Untersuchungen an Ventilgehäusen im Vorfeld dieser Arbeit [80] zeigen bereits erste Erfolge, weisen aber hinsichtlich der Einstellung

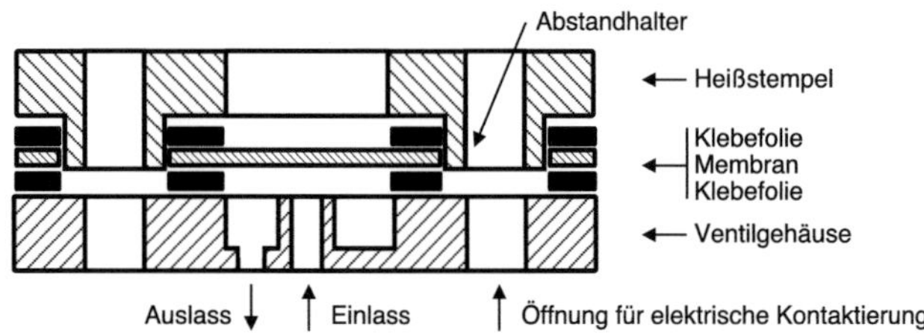

Abbildung 5.1: Schema zum Ventilaufbau mit Hilfe einer strukturierten, hitzeaktivierbaren Klebefolie.

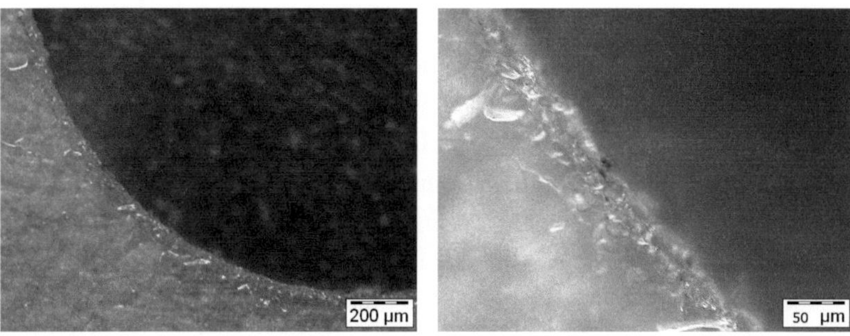

Abbildung 5.2: Schnittkanten der mittels CO_2-Laser strukturierten hitzeaktivierbaren Klebefolie.

der Maßstabilität der Klebstoffschichtdicke kein befriedigendes Ergebnis für die Serienfertigung auf. So soll nun mit Hilfe von im Gehäuse integrierten Abstandshaltern passiv und prozessstabil die Klebstoffdicke eingestellt werden (siehe Abbildung 5.1). Die Strukturierung der hitzeaktivierbaren Klebefolie erfolgen mittels eines CO_2-Lasers. Die Kosten pro Folie können so von ca. 50 EUR / Stk. (Strukturierung mittels UV-Laser) auf 5 - 10 EUR / Stk. gesenkt werden. Die anfänglichen Qualitätsprobleme im Bereich der Schnittkantenqualität des CO_2-Lasers, welche eine Bearbeitung mittels UV-Laser bevorzugt hätten, werden durch entsprechende Parameteranpassungen behoben.

5.1.2 Ultraschallschweißen

Das Ultraschallschweißen bietet aufgrund der Möglichkeit einer parallelen Verarbeitungsweise hohes Potential für die Batch-Fertigung. Ebenso bietet sich die fremdstofffreie Verbindung von Gehäuseteilen für Bereiche an, in denen Biokompatibilität gefordert ist. Diese Argumente sprechen für einen Einsatz des US-Schweißens insbesondere für das identifizierte Anwendungsgebiet „Biomedical".

Konventionelle Energierichtungsgeber

Das Verschweißen mittels Ultraschall erfordert eine spezielle Geometrie um die Energie des US-Systems in das Material einzuleiten. Mittels einer beispielsweise im Querschnitt dreieckigen Form wird die Energie an der Spitze fokussiert. So entsteht an dem Berührungspunkt eine Linienlast und das Material wird unter der Wirkung des Ultraschalls aufgeschmolzen. Der Hersteller der US-Schweißmaschine empfiehlt für amorphe Kunststoffe einen Winkel der Energierichtungsgeber (ERG) Spitze von 60°-90° und für teilkristalline Kunststoffe von 90°. Aufgrund des gemeinsamen Winkels von 90° für beide Polymer Gruppen wurde dieser als Ausgangswert für alle weiteren Untersuchungen gewählt. Da die Ventilgehäuse im ersten Projektabschnitt aus PMMA gefertigt werden sollen, wurden zunächst Ventilgehäuse aus diesem Polymer gefräst und hiermit Demogehäusehälften gefertigt. Zur Festlegung der Designparameter für die Formeinsatzherstellung wurden Untersuchungen im Bereich des Ultraschallschweißens vorgenommen. Hierbei lag der Fokus auf der Integration einer Polyimidmembran. Zunächst zeigt sich, dass bei genügend Anpressdruck während des Verschweißens sich beide Gehäusehälften aus PMMA verbinden, die dazwischen liegende Membran jedoch durchtrennt wird und sich in der Ventilkammer zusammenfaltet. Optimierungen führen zu einer Strukturierung der Kaptonfolie im Bereich der ERG. Für zeitnahe Untersuchungen wird hierfür eine Strukturierung mittels Laser gewählt. Alternativ ist eine lithografische Strukturierung denkbar. Die Membran wird im Bereich der ERG entfernt, jedoch durch einzelne Stege in Position gehalten.

Analog hierzu wird der ERG im Bereich der Stege der Membran ausgespart. Während erster Schweißversuche strömte aufgeschmolzenes PMMA in die Ventilkammern (siehe Abbildung 5.5). Die Funktion des Ventils kann hierdurch wesentlich beeinträchtigt werden. Des Weiteren sind deutliche Risse in der Schweißzone und dem angrenzenden Material zu erkennen.

Ein neu entwickeltes Verfahren umgeht diese Problematik. Ohne die Schweißgeometrien zu verändern, können durch einen zweistufigen Schweißprozess das Einströmen der Schmelze in die Ventilkammer verhindert sowie die Rissbildung deutlich reduziert werden (siehe Abbildung 5.6). In dem Verfahren wird zunächst die erforderliche Energie mittels einer Testschweißung ermittelt. Abbildung 5.3 zeigt den zeitlichen Verlauf der eingekoppelten Leistung. Zu Beginn des Schweißvorganges befinden sich die Energierichtungsgeber im festen Zustand, weshalb die eingekoppelte Leistung steigend ist. Sobald die ERG aufschmelzen, ist es nicht mehr möglich höhere Leistungen in das System einzukoppeln und die Kurve nimmt im Graphen einen gleichbleibenden Wert an. Die Testschweißung ist nur gültig, wenn das Plateau nicht mehr ansteigender Leistung erreicht wird. Der Maximalwert der Leistung wird als 100% angenommen. Für den zweistufigen US-Schweißprozess wird für den ersten Schritt 40% des Maximalwertes gewählt. Die Maschinensteuerrung bricht den Schweißvorgang nach erreichen dieses Wertes automatisch ab. Hierbei wird die Form der ERG bereits leicht in das unstrukturierte Bauteil übertragen, jedoch erfolgt noch keine dauerhafte Verbindung der beiden Fügepartner. Für den zweiten Schritt wird nun 100% der maximalen Leistung gewählt und die materialschlüssige Verbindung erzeugt.

Durch diese Vorgehensweise muss im Gegensatz zu bisherigen Lösungsansätzen, die auf spezielle Geometrien beider Fügepartner setzen [81] nur eine Gehäusehälfte eine bestimmte Geometrie (ERG) aufweisen. Auf der Gegenseite genügt eine plane Fläche[1].

---

[1]Für den entwickelten zweistufigen Ultraschallschweißprozess wurden Schutzrechte beim Deutschen Patent- und Markenamt beantragt.

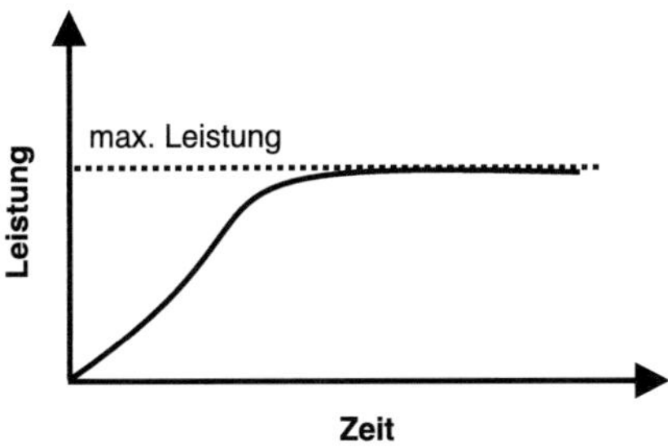

Abbildung 5.3: Zeitlicher Verlauf des Test-Schweißvorganges.

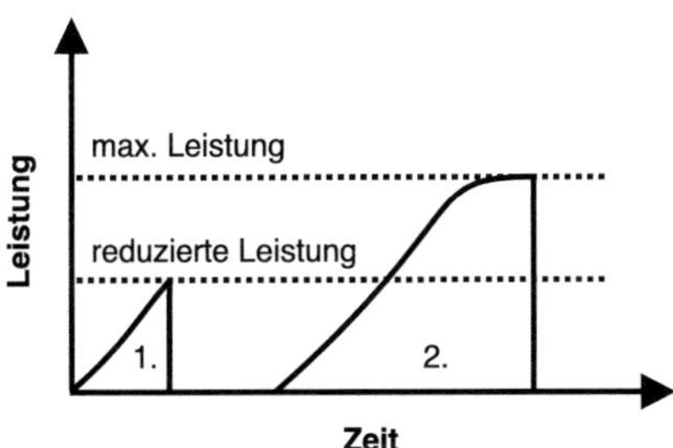

Abbildung 5.4: Zeitlicher Verlauf des Zweistufenschweißens. Erster Schweißschritt (1) mit reduzierter Leistung – Zweiter Schweißschritt (2) mit durch Testschweißung ermittelter regulärer Leistung.

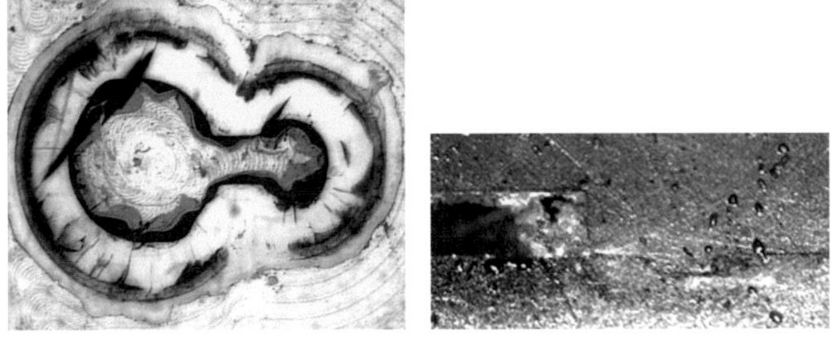

Abbildung 5.5: Konventionell in einem Schritt mittels Ultraschall verschweißtes Ventilgehäuse.

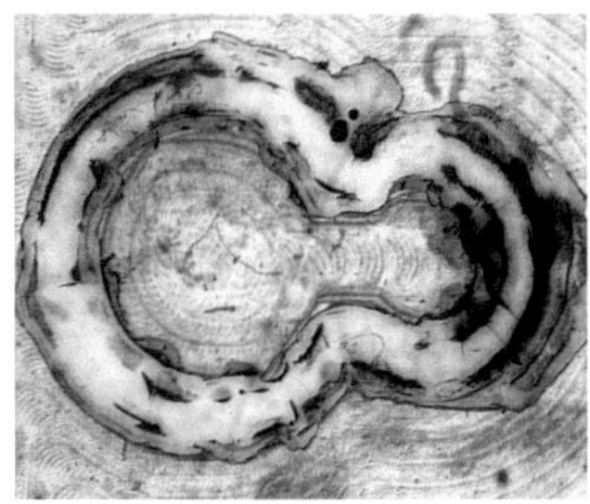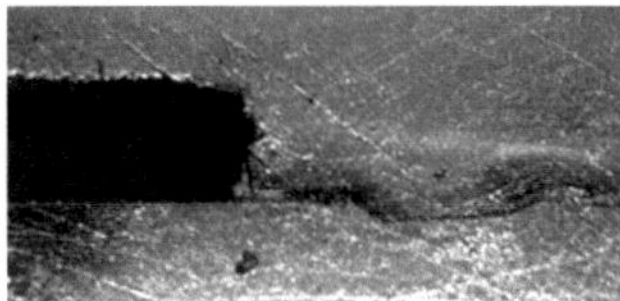

Abbildung 5.6: Mittels des entwickelten zweistufigen Prozesses durch Ultraschall verschweißtes Ventilgehäuse.

Mikrostrukturierte Folien

Eine weitere potentielle Möglichkeit zur Membranintegration mittels Ultraschallschweißen beruht auf der Verwendung einer mikrostrukturierten Membran. Anstatt Energierichtungsgeber auf dem Aktorträger zur Energiefokussierung zu verwenden, wird eine Polymermembran mit vielen kleinen beidseitig vorhandenen ERG-Strukturen eingesetzt (siehe Abbildung 5.7). Erste Versuche am Institut im Vorfeld dieser Arbeit zeigen die prinzipielle Eignung des Verfahrens. Hierbei wird eine gitterartig angeordnete, grabenförmige Struktur durch Fräsen in PMMA hergestellt. Die Breite der resultierenden pyramidenstumpfförmigen ERG beträgt 70 µm [82]. Zum Deckeln von mikrofluidischen Kanälen mit Breiten im Bereich von 100 µm könnten jedoch Folien mit ERG-Strukturen im Bereich von 10 µm geeignet sein. Die Idee ist, vollflächig mikrostrukturierte Folien einzusetzen, welche flächig auf die Substrate mit den Mikrokanälen geschweißt werden. Die im Vergleich zum Kanalquerschnitt kleinen Strukturen an der Kanaloberseite würden den Fluidfluss vermutlich nur gering beeinflussen.

Zur Herstellung von Testfolien, werden Si-Wafer nach dem in Kapitel 2.1.1 vorgestellten anistropen Ätzen prozessiert. Als Belichtungsmaske dient eine Cr-Maske mit einer Gitterkonstanten von 20 µm und einer Strichbreite von 10 µm. Eine Siliziumoxid- sowie Chromschicht bilden die Ätzmaske. Der

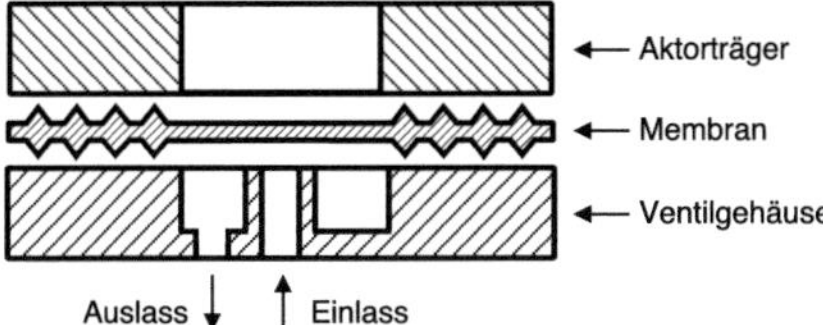

Abbildung 5.7: Schema der Membran in Form einer Polymerfolie mit beidseitigen Energierichtungsgebern.

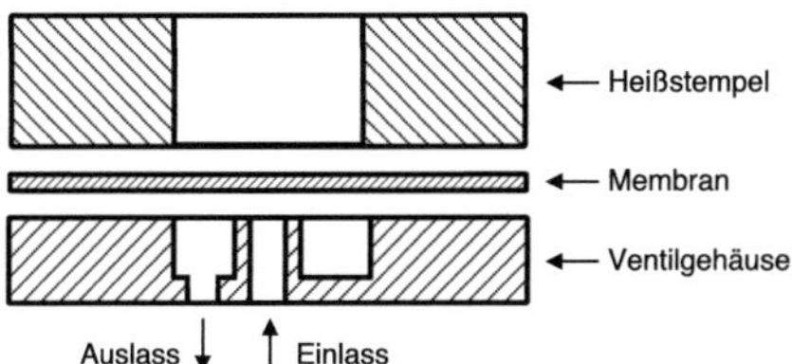

Abbildung 5.8: Schema des Heißsiegelverfahrens zur Integration einer Membran in das Mikroventil.

so strukturierte Wafer zeigt eine grabenförmige Oberfläche und dient durch Abformung der Herstellung mikrostrukturierter Membranen.

5.1.3 Heißsiegeln

Für das Heißsiegeln wird ein Stempelwerkzeug in der Größe der Ventilgehäuse benötigt, welches eine Aussparung im Bereich der Ventilkammer enthält. Während der Ventilfertigung wird das Stempelwerkzeug auf eine Temperatur etwas über der Glasübergangstemperatur des Kunststoffes erhitzt und folgend auf die Membran, welche auf das Ventilgehäuse gelegt wird aufgepresst (siehe Abbildung 5.8). Durch die Aussparung im Bereich der Ventilkammer wird insbesondere ein Aufschmelzen der Membran im Bereich des Ventilsitzes und somit eine ungewollte Verbindung in diesem Bereich vermieden. Durch die Verwendung von großformatigen Substraten, Stempelwerkzeugen und entsprechenden Membranen ist das Heißsiegeln für die Batch-Fertigung geeignet. [83]

5.2 Transfertechnologien

Um die Hybridintegration der FGL-Aktoren zu ermöglichen, werden zwei Verfahren entwickelt. Das „Wafer-Transfer" Verfahren erlaubt die Integration durch Übertragen kompletter Substrate, wohingegen der „selektive Transfer" das gezielte Übertragen einzelner Aktoren ermöglicht.

5.2.1 Wafer-Transfer

Siliziumsubstrat als Kühlkörper

Um die empfindlichen NiTi-Folienaktoren sicher handhaben zu können wird ein Prozess untersucht, welcher die Herstellung der Aktoren auf einem Siliziumsubstrat ermöglicht. Dieses kann später ebenfalls strukturiert werden und als Kühlkörper eine Funktion im Mikroventil übernehmen. Um den Unterschied zwischen einem konventionellen Kühlring aus Metall gegenüber einem Kühlkörper aus Silizium auf die Ventilfunktion abzuschätzen, wird zunächst eine FEM-Simulation durchgeführt. Abbildung 5.9 zeigt den stationären Temperatur-Zustand (Stromdichte im Aktor konstant) mit Kühlring aus Kupfer (links) sowie aus Silizium (rechts). Da sich die einstellende Temperatur im Kühlring nur im Nachkommabereich unterscheiden (77,3327 °C gegenüber 77,3293 °C), kann grundsätzlich ein funktionsfähiges Ventil mit Siliziumkühlkörper erwartet werden. Wie [76] zeigt, ist bei einer thermischen Senke mit niederiger thermischer Leitfähigkeit vor allem mit einem geringern Energieverbrauch, aber auch mit einer geringeren Dynamik zu rechnen.

Zur Herstellung wird eine bereits konditionierte NiTi-Folie über eine Polyimid-Schicht als Haftvermittler und Nanoimprint-Resist[2] auf einen Siliziumwafer der Kristallorientierung <100> aufgeklebt. Die Rückseite des Wafers ist mit Titanoxid beschichtet. Beide Waferseiten werden mit Resist belackt und zueinander justiert belichtet. Zunächst wird die Seite mit der NiTi-Folie entwickelt und nasschemisch strukturiert. Es folgt das Strippen des AZ-Lackes und Entfernen der Goldschicht, sowie das Aufbringen einer

---

[2]mr-I9000E der Firma „micro resist technology GmbH"

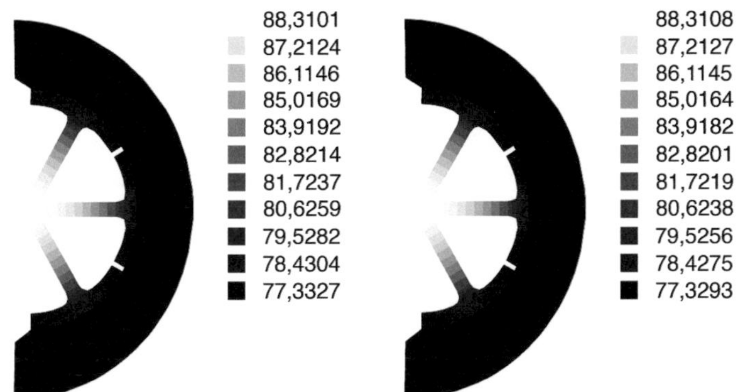

Abbildung 5.9: Simulation der Temperaturverteilung des Kühlringes aus Kupfer (links) und Silizium (rechts). Die Temperaturwerte sind in °C aufgeführt.

Schutzschicht für die Aktoren. Anschließend wird das Titanoxid strukturiert und das Silizium kann mittels KOH geätzt werden. [84]

Wafer-Transfer und Ultraschallschweißen

Um das vorteilhafte Verfahren des Ultraschallschweißens in der Batch-Fertigung zu nutzen, wird der in Abbildung 5.10 dargestellte Prozessablauf entwickelt. Zunächst wird ein Schichtaufbau (a) mit einem Substrat aus Silizium, einer Opferschicht aus Fotolack, einer NiTi-Folie und Fotolack aufgebaut. Nach der lithografischen Strukturierung (b) des Fotolackes auf der NiTi-Folie, wird der Aktor nasschemisch geätzt (c). Der Fotolack auf der NiTi-Folie wird nicht mehr benötigt und (d) mittels einer Flutbelichtung und anschließender Entwicklung entfernt. Ein Transfersubstrat wird auf die Aktoren lokal aufgeklebt (e). Hierzu kann konventioneller Zweikomponenten Epoxy[3] oder die bereits erläuterte hitzeaktivierbare Klebefolie zum Einsatz kommen. Die Opferschicht, welche die Ventil-Komponente aus Transfersubstrat und Aktor auf dem Silizium-Substrat hält, wird mittels Lösungsmittel

---

[3]Polytec ND353

entfernt (f). Parallel zu den Schritten (a) bis (f), wird ein Schichtaufbau (g) aus Ventilgehäuse und Aktorträger mit dazwischen liegender Membran aufgebaut. Mittels des in Abschnitt 5.1.2 erläuterten zweistufigen Ultraschallschweißprozesses werden die Einzelteile verbunden (h). Nachdem die kugelförmigen Distanzstücke und strukturierte hitzeaktivierbare Klebefolie montiert sind (i), können die Komponenten aus den parallel ablaufenden Prozessen (A) und (B) wie in (C) dargestellt zusammengefügt werden. Hierzu werden die Komponenten passiv durch Führungsstifte ausgerichtet und wieder mittels hitzeaktivierbarer Klebefolie verbunden (j). Die Ventile werden durch Einkleben von Kanülen fluidisch sowie durch Anlöten der Kontaktstifte elektrisch kontaktiert. Ein Sägeschritt vereinzelt die Ventile und schließt den Aufbau ab (k).

5.2.2 Selektiver Transfer

Um die Aktoren in die Gehäuse zu integrieren sollen diese selektiv von einem Trägersubstrat übertragen werden. Dies erlaubt eine effiziente Nutzung der Aktormaterialien, da weniger ungenutzte Fläche verloren geht. Für diesen Prozessschritt steht dem Projekt ein von IBM entwickelter Prozess als Basis wie in Kapitel 3.3 beschrieben zur Verfügung. Der bestehende Prozess wird wie folgt an die Besonderheiten von Formgedächtnislegierungen angepasst (siehe Abbildung 5.11).

In einer ersten Prozessschiene (A), wird zunächst ein Glaswafer mit Polyimid (PI) beschichtet, welche später als Opferschicht dient. Das PI wird bei ca. 300 °C im Ofen ausgehärtet. Um Diffusionsvorgänge in die Formgedächtnislegierung zu verhindern, welche einen für den FGL-Effekt schädlichen Einfluss haben, kann die NiTi-Folie noch nicht in diesem Schritt aufgebracht werden. Hierzu wird zusätzlich eine Schicht Nanoimprintresist mr-I9000E auf das PI aufgeschleudert und auf einer Hotplate getrocknet. Mittels einer Heißprägemaschine wird eine 20 µm dicke bereits konditionierte NiTi-Folie auf den Resist geprägt (a). Durch diese Vorgehensweise verbleiben zudem wenige bis keine Gasblasen unter der NiTi-Folie, wodurch im Vergleich zu der bestehenden Methode auf eine metallische Schicht als Ätz-

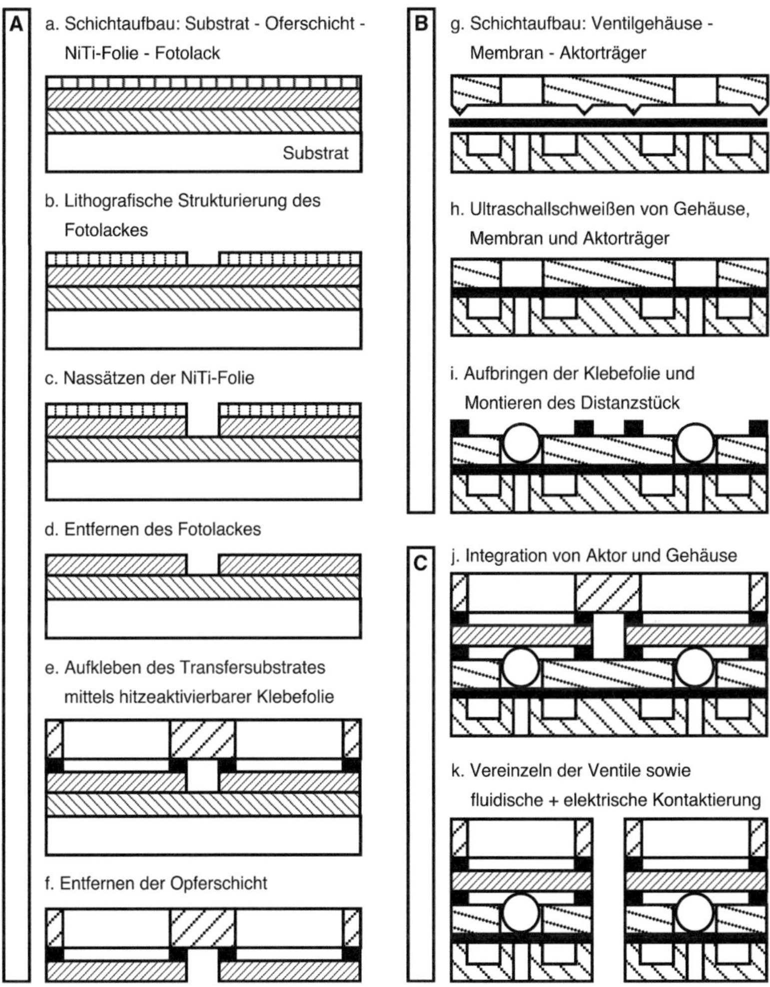

Abbildung 5.10: Prozessablauf des entwickelten „Wafer-Transfer" Prozesses.

schutz auf dieser Seite verzichtet werden kann. Auf die NiTi Folie wird nun eine Goldschicht gesputtert, die zur Verwendung als Ätzmaske lithographisch strukturiert wird (b). Nach der nasschemischen Strukturierung der NiTi-Folie und dem Entfernen der Ätzmaske (c) (siehe Abbildung 5.12 links), kann die obere Gehäusehälfte der Ventile (Aktorträger) mittels einer strukturierten hitzeaktivierbaren Klebefolie (siehe Kapitel 5.1.1) verbunden werden (d) (siehe Abbildung 5.12 Mitte). Die mit dem Aktorträger verklebten Aktoren werden dann beim Projektpartner IBM durch selektives Entfernen der PI-Schicht durch Laserablation von dem Glaswafer abgelöst (e) (siehe Abbildung 5.12 rechts).

In einem separaten Arbeitsvorgang (B) wird das Ventilgehäuse vorbereitet. Hierzu erfolgt die Integration der Membran durch Aufbringen einer hitzeaktivierbaren Klebefolie auf beiden Seiten (f).

In dem letzten Abschnitt der Fertigung (C) werden die Ventilkomponenten aus den Schienen A und B zusammengefügt. Hierzu wird das Distanzstück montiert und der Schichtaufbau mit der bereits aufgebrachten Klebefolie unter Temperatur mittels Pressen verbunden (g). Das Aufkleben eines Kühlringes aus Aluminium (h) und die fluidische sowie elektrische Kontaktierung (i) schließen die Ventilfertigung ab.

5.2.3 Weiterentwickelter „selektiver Transfer"

Um eine kostengünstige Methode für die Serienfertigung der Aktoren zur Verfügung zu stellen, wird das folgende Verfahren entwickelt. Als Kerntechnologie kommt eine hitzedeaktivierbare Klebefolie zum Einsatz. Die Klebefolie besitzt auf beiden Seiten eine bei Raumtemperatur selbstklebende Schicht. Die Klebkraft der einen Seite lässt sich jedoch durch Erhitzen über eine definierte Temperatur drastisch reduzieren, so dass praktisch keine Klebung mehr vorhanden ist. Der Prozess ist nicht reversibel, wodurch die Folien jeweils nur einmal verwendet werden können.

Die Klebefolie wird während des Strukturierungsprozesses der NiTi-Aktoren verwendet. Hierzu wird zunächst die Folie mit der dauerhaft klebenden

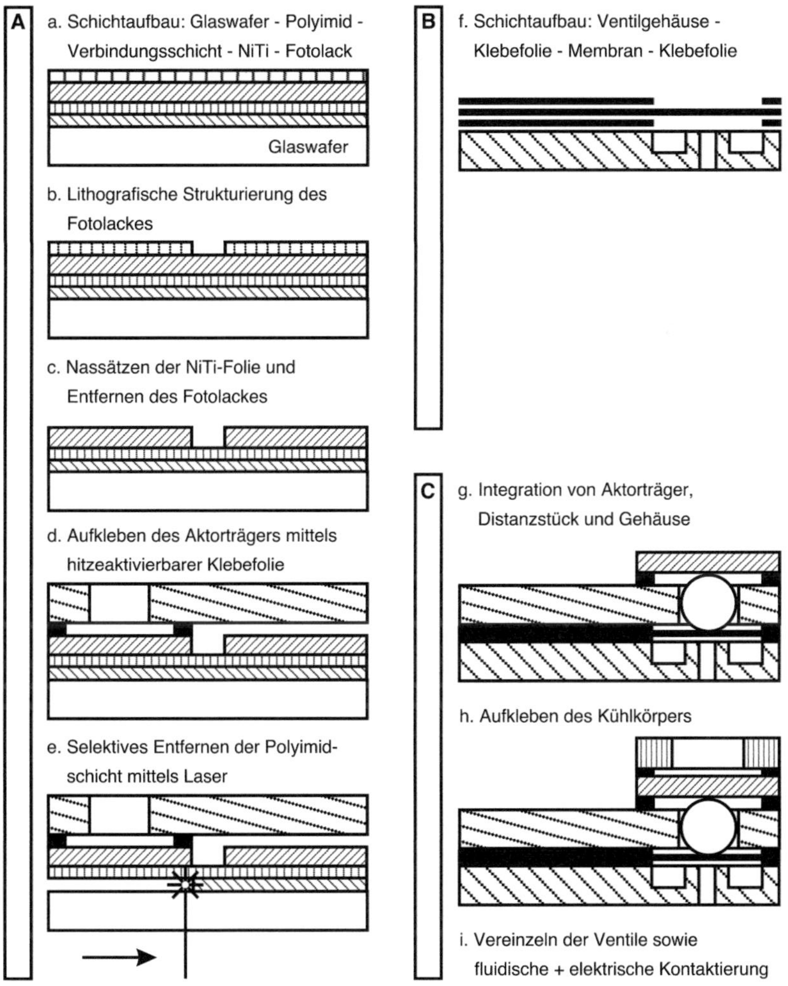

Abbildung 5.11: Prozessablauf des entwickelten „selektiven Transfer" Prozesses.

Abbildung 5.12: Einzelschritte des entwickelten „selektiven Transfer" Prozesses. Geätzte NiTi-Aktoren auf Glaswafer (links), selektive an der dunklen Färbung erkennbare Verklebung einzelner Aktoren mit dem Aktorträger (Mitte) und gezielt abgelöste Aktoren von dem Glaswafer (rechts).

Seite auf einem Substrat aufgeklebt. Auf der hitzedeaktivierbaren Seite der Klebefolie wird eine NiTi-Folie aufgebracht, aus der später die Aktoren mittels Lithografie und nasschemischem Ätzen, wie bereits beschrieben, strukturiert werden. Um nun nicht alle Aktoren in einem Schritt von dem Substrat zu lösen, indem der Schichtaufbau auf eine Heizplatte gelegt wird, ist ein spezielles Substrat notwendig. Eine handelsübliche mit Kupfer beschichtete Leiterplatte wird so strukturiert, dass Heizmäander in der Größe der Mikroaktoren entstehen. Werden Aktoren mittels der hitzedeaktivierbaren Klebefolie auf einem solchen Substrat prozessiert, können durch selektives Beheizen der Mäander mittels eines elektrischen Stroms ausgewähle Aktoren abgelöst werden, da die Klebefolie räumlich begrenzt ihre Haftkraft zu den Aktoren verliert. Abbildung 5.13 zeigt den Ausschnitt einer strukturierten Leiterplatte mit im unteren Bereich sichtbaren Heizmäandern und im oberen Bereich an der weißen Verfärbung erkennbaren Deaktivierung der Klebefolie durch Beheizen[4].

Um die Aktoren nicht einzeln handhaben zu müssen, wird vor dem Ablösen ein Trägersubstrat aufgeklebt. Im vorliegenden Fall werden strukturierte 550 μm dicke Keramikplatten (siehe Abbildung 5.14 a) verwendet und das Rastermaß ist so gewählt, dass jeder zweite Aktor verklebt und später abgelöst werden kann. Nachdem die Aktoren übertragen sind, werden Ni-

---

[4]Für den entwickelten selektiven Transferprozess mit hitzedeaktivierbaren Folien wurden Schutzrechte beim Deutschen Patent- und Markenamt beantragt.

Abbildung 5.13: Fotografie der mit Heizmäandern strukturierten Leiterplatte mit aufgebrachter hitzedeaktivierbarer Klebefolie (im oberen Bereich teilweise bereits beheizt).

ckelplättchen an beiden Seiten des Aktors mittels Spaltschweißen befestigt. Hierzu sind auf dem Trägersubstrat schlitzförmige Öffnungen vorgesehen, welche eine leichte Ausrichtung ermöglichen (b). Die Nickelplättchen sind notwendig, da sich NiTi nur schlecht löten lässt, dies aber für die elektrische Kontaktierung notwendig ist. Durch das Spaltschweißen wird eine materialschlüssige Verbindung und somit eine Kontaktierung mit einem elektrischen Widerstand von unter $0,1\,\Omega$ erreicht. An die Nickelplättchen können nun vergoldete Kontaktstifte durch konventionelles oder Reflow-Löten angebracht werden (c). Der Schichtaufbau aus Ventilgehäuse, Membran und Aktorträger wird in einem separaten Prozess vorbereitet (d). Die Verbindung der Komponenten kann dabei wahlweise mittels hitzeaktivierbaren Klebefolien, Ultraschallschweißen oder Heißsiegeln der Membran und darauf folgende Klebefolie erfolgen. Im Integrationsschritt wird wie zuvor das sphärische Distanzstück eingebracht und der Schichtaufbau verklebt (e). Das Trägersubstrat aus Keramik dient hier zugleich als Kühlkörper und kann zur Optimierung des thermischen Ventilverhaltens durch ein eloxiertes und somit nichtleitendes (um einen Kurzschluss des Aktors zu verhindern) Aluminiumbauteil gleicher Form ersetzt werden.

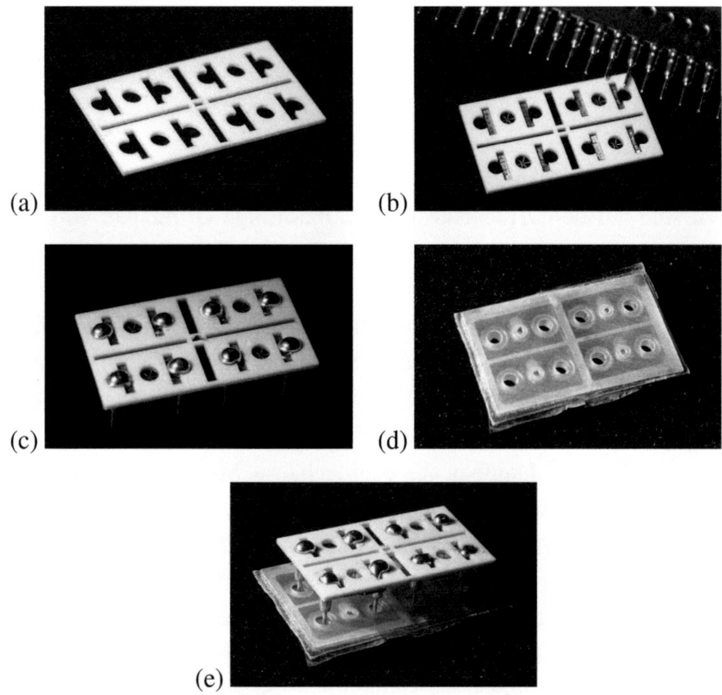

Abbildung 5.14: Fotografien der Zwischenschritte des weiterentwickelten „selektiven Transfer" Prozesses.

6 Ergebnisse und Charakterisierung

Ventil-Prototypen wurden sowohl mittels des „Wafer-Transfer" als auch des „selektiven Transfer" Verfahrens aufgebaut und ihre Charakterisierung wird im Folgenden beschrieben. Abschließend wurde eine Kleinserie gefertigt, um einen ersten Vergleich mehrerer Ventile einer Serie, als auch Ventile verschiedener Serien zu ermöglichen.

6.1 Fertigungscharakterisierung

Insbesondere das Spacer-Element in Form einer Kugel erleichtert die Montage erheblich, da keine Ausrichtung notwenig ist und Führungsstrukturen auch eine Zentrierung überflüssig machen. Die Einstellung der Vorspannung des FGL-Aktors ist nicht mehr über Schleifen des Spacers notwendig. Stattdessen wird die Stärke des Aktorträgers entsprechend angepasst. Beim Einsatz von Kugeln mit einem Durchmesser von 600 μm erweist sich die Ventildesign-Variante mit einem Sitzdurchmesser von 400 μm als vorteilhaft. Die Selbstzentrierung der Kugel über dem Ventilsitz geschieht hier wesentlich effektiver als bei dem Alternativdesign mit einem Sitzdurchmesser von 200 μm.

6.1.1 Hitzeaktivierbare Folien

Beim Verkleben der Ventilgehäuse aus PMMA mittels der Klebefolien, stellt sich die Glasübergangstemperatur des Kunststoffes von ca. 120 °C als zu niedrig gegenüber der verwendeten Aktivierungstemperatur der Klebefolien von 90 °C heraus, da der Kunststoff bei dieser Temperatur bereits erweicht. So kommt es zu Verformungen der Ventilgehäuse während des Klebevorganges. Die Glasübergangstemperatur des alternativ verwendeten Kunststoffes PSU liegt bei ca. 185 °C. Auch hiermit werden Testklebungen durchgführt, bei denen eine Verformung der Gehäuse nach dem Klebevorgang nicht mehr zu beobachten ist.

6.1.2 Ultraschallschweißen

Konventionelle Energierichtungsgeber

Das Verfahren des Ultraschallschweißens wurde in Kombination mit dem „Wafer-Transfer" Verfahren untersucht und Ventilprototypen hergestellt. Die Ergebnisse hierzu finden sich in Kapitel 6.2.1 („Wafer-Transfer" und Ultraschallschweißen). So zeigt das Ventil mit einer mittels Ultraschallschweißen integrierten Membran ein vollständiges Schließverhalten, jedoch verbleibt eine leichte Undichtigkeit zwischen Membran und Ventilgehäuse bzw. Aktorträger. Auch der Einsatz des gleichen Materials (PSU) für das Ventilgehäuse, den Aktorträger und die Membran zeigt trotz des selben Schmelzpunktes keinen Erfolg. Eine Undichtigkeit ist jedoch nur in Ausnahmefällen, wie z.B. beim Einsatz als Vorsteuerventil in pneumatischen Anwendungen, akzeptabel.

Mikrostrukturierte Folien

Das Abformen der mikrostrukturierten Silizium-Oberflächen in PSU mittels Heißprägen verläuft erfolgreich (siehe Abbildung 6.1). Testschweißungen von Membranen mit einer Größe von $1{,}5 \times 1{,}5$ cm zeigen jedoch keinen Erfolg. Die eingekoppelte Leistung der Schweißmaschine scheint zu gering zu sein, um ein Aufschmelzen der ERG zu erreichen.

Bei näherer Betrachtung zeigt sich, dass sich durch die Stegbreite der Belichtungsmaske von 10 μm eine ERG-Höhe im Kunststoff von 8,7 μm ergibt[1]. Die erzeugte Schwingung der US-Schweißmaschine verfügt jedoch bereits über eine minimale Amplitude von 28,6 μm. Dies ist vermutlich

---

[1]der Winkel der ERG von 70,5° ergibt sich aus der Si-Wafer Kristallorientierung <100>, wodurch sich wiederum die Höhe der ERG bei gegebener Breite ermitteln lässt

Abbildung 6.1: Teil des mikrostrukturierten Si-Wafer (links) und damit abgeformte PSU-Membran (rechts) mit vollflächigen ERG.

die Ursache für das Versagen des Schweißvorgangs. Um bei noch kleinerer Amplitude dennoch genügend Energie in das System einzukoppeln, muss die Frequenz während des Schweißvorgangs erhöht werden. Diese beträgt bei der verfügbaren Maschine 35 kHz und ist wie bei den meisten kommerziell erhältlichen US-Schweißgeräten nicht veränderbar.

6.1.3 Heißsiegeln

Der Vorgang dauert nur wenige Sekunden, um die Membran aufzuschmelzen und materialschlüssig mit dem Gehäuse zu verbinden. Aufgrund der Aussparung im Stempelwerkzeug und der kurzen Prozessdauer wird der freistehende Teil der Membran nicht beeinflusst (siehe Abbildung 6.2). Die Vorgehensweise erlaubt eine fremdstofffreie Verbindung, wodurch je nach Auswahl des Kunststoffes die geforderte Biokompatibilität gegeben ist. Im weiteren Aufbau des Ventils können auch Bondtechniken mit Klebstoffen verwendet werden, da ein Kontakt mir dem Fluid ausgeschlossen ist. Weiterhin ist durch großflächige Stempelwerkzeuge eine Parallelfertigung der Membranintegration möglich. Mehrere Tests bestätigen die Dichtigkeit der mittels des Verfahren hergestellten Ventil-Membran Komponenten.

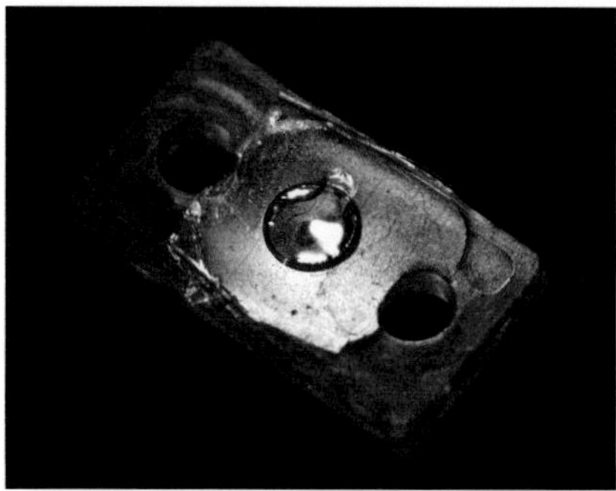

Abbildung 6.2: Mittels Heißsiegeln im Gehäusebereich verbundenen Membran und freistehender Bereich über der Ventilkammer.

6.2 Ventilcharakterisierung

6.2.1 „Wafer-Transfer"

Siliziumsubstrat als Kühlkörper

Die Befestigung der NiTi-Folie auf dem Si-Wafer stellt sich nicht als trivial heraus. Funktioniert das Strukturieren der NiTi-Folie noch problemlos, kommt es beim Ätzen des Siliziums mittels KOH durch die ausgeprägte Gasblasenbildung immer wieder zum mechanischen Ablösen der Aktoren. In Einzelfällen gelingt das Strukturieren und es kann ein funktionsfähiger Prototyp aufgebaut werden, wie Abbildung 6.3 zeigt. Dieser Ansatz wird jedoch aufgrund der genannten Probleme und aussichtsreicherer Prozesse nicht weiter verfolgt.

„Wafer-Transfer" und Ultraschallschweißen

Zu dem in Abschnitt 5.1.2 zum Thema Ultraschallschweißen vorgestellten Verfahren, wurde mittels „Wafer-Transfer" ein Protoypventil aufgebaut. Eine typische Durchflusskennlinie zeigt Abbildung 6.4. Gasförmiger Stickstoff

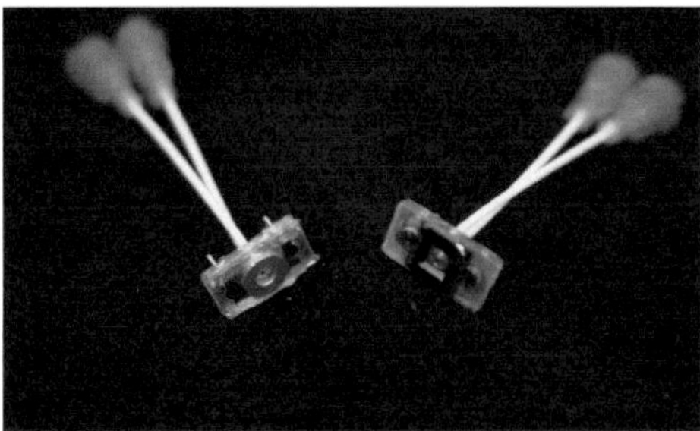

Abbildung 6.3: Mit Aluminiumkühlring hergestelltes Mikroventil (links im Bild) gegenüber Ventil mit Kühlkörper aus Silizium (rechts im Bild).

mit einem Druck von 150 und 200 kPa wird an dem Ventileinlass angeschlossen. Der Formgedächtnisaktor wird direkt mittels elektrischem Strom beheizt. Ohne Energie ist das Ventil in der offenen Position und liefert einen Fluidstrom von ca. 250 Standard ccm bei einem Druck von 200 kPa. Oberhalb der kritischen Energie von 30 mW geht das Ventil vom offenen in den geschlossenen Zustand über und zeigt das erwartete Verhalten. Der beobachtete Unterschied des Gasflusses stimmt mit der Änderung des elektrischen Widerstandes des Aktors überein. Hier ist die R-Phasen Transformation und der einhergehende Formgedächtniseffekt zu sehen. Die Phasenumwandlung ist an eine charakteristische Hysterese gekoppelt, welche sowohl in der Widerstands- als auch in der Durchflusskennlinie zu sehen ist. Eine Heizleistung von 50 mW ist ausreichend, um das Ventil sowohl bei 150 als auch bei 200 kPa zu schließen. Ein Leckfluss kann im geschlossenen Zustand nicht beobachtet werden. Das Verhalten des Mikroventils ist mit früheren Versionen durch manuelle Fertigung hergestellten Ventilen vergleichbar [85] und bestätigt den entwickelten Fertigungsprozess (siehe auch [86]). Die maximalen Durchflüsse decken sich nicht ausreichend mit der Simulation, sondern sind deutlich niedriger (1000 sccm in der Simulation gegenüber 250 sccm im Versuch bei 200 kPa und 0 mW). Dies deutet auf eine zu große Vorauslenkung des Aktors hin. Eine Simulation mit einer Vorauslenkung von 92,5 µm (gegenüber geplanten 75 µm) ergibt bei 200 kPa einen Durchfluss von 245 sccm,

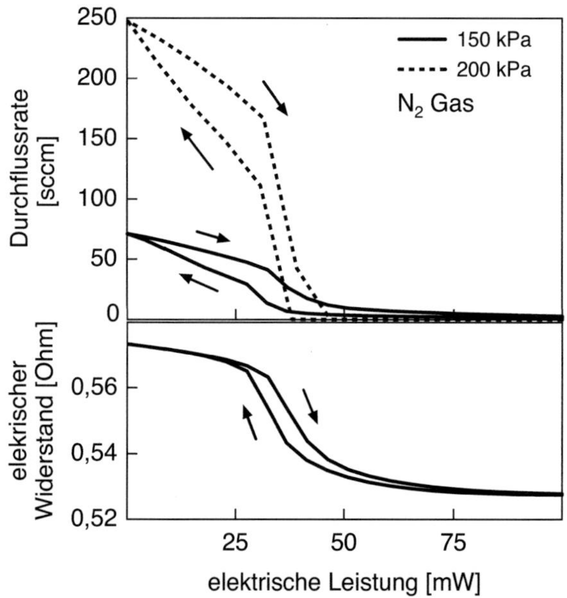

Abbildung 6.4: Vergleich von Flussrate über der Leistung eines mittels Ultraschallschweißen hergestellten Mikroventils.

welcher mit dem Durchflussverhalten übereinstimmt und die Vermutung unterstützt.

6.2.2 „Selektiver Transfer"

Abbildung 6.5 zeigt die typische Durchflusskennlinie eines durch selektiven Transfer hergestellten Mikroventils. Gasförmiger Stickstoff wird unter einem Druck von 100 kPa in den Ventileinlass geleitet. Der Aktor wird mittels Beheizen durch elektrischen Strom angesteuert und der resultierende Durchfluss in Abhängigkeit verschiedener Heizleistungen mittels eines Durchflussmessers am Ventilausgang ermittelt. Wie in Abschnitt 2.4.3 beschrieben werden die Messpunkte im quasi-statischen Zustand aufgenommen. Mit steigender Leistung beginnt das Ventil ab 37 mW vom offenen in den geschlos-

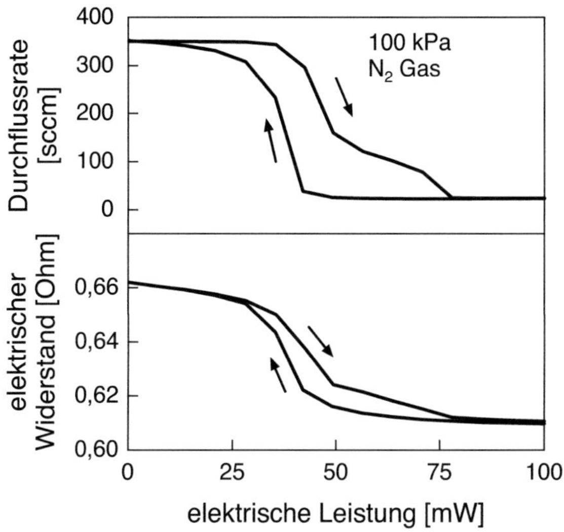

Abbildung 6.5: Vergleich von Flussrate über der Leistung eines durch selektiven Transfer hergestellten Mikroventils.

senen Zustand zu wechseln. Über 76 mW stellt sich keine Durchflussänderung mehr ein. Die beobachtete Durchflussänderung ist ebenfalls in eine starke Änderung in der Widerstandskennlinie zu sehen und kennzeichnet die R-Phasentransformation und somit den Formgedächtniseffekt. Die typische Hysterese ist im Durchflussdiagramm stärker ausgeprägt als im Widerstandsdiagramm, die entsprechenden kritischen Heizleistungen zu Beginn und Ende der Hysteres stimmen aber überein.

Der Prototyp zeigt einen verbleibenden Leckfluss von etwa 20 sccm im geschlossenen Zustand. Die Kenntnisse aus der Simulation lassen zum einen eine zu geringe Vorsauslenkung, zum anderen einen nicht optimal geformten und somit nicht komplett abdichtenden Ventilsitz vermuten. Wird eine Vorauslenkung von 57 µm angenommen, ergibt sich in der A-Phase des Aktors (also bei geschlossenem Ventil) ein Durchfluss von ca. 20 sccm bei 200 kPa, wohingegen sich in der R-Phase des Aktors ein Durchfluss von 640 sccm ergibt. Da es sich bei der Simulation um eine Abschätzung handelt, liegt die Fehlerquelle der zu geringen Vorspannung durchaus im Bereich des Möglichen, deutet aber auch aufgrund des geringen verbleibenden Leckflusses eher auf eine Undichtigkeit am Ventilsitz hin. Dies kann durch eine von der runden Form abweichende Ventilsitzgeometrie oder eine rauhe Oberfläche der Dichtfläche bedingt sein.

Die dynamische Charakterisierung wird durch gepulstes Heizen des Formgedächtnisaktors vorgenommen. Das Ergebniss in Abbildung 6.6 zeigt im unteren Graphen, die Antwortzeit des Durchflusses von etwa 100 ms sowohl beim Beheizen, als auch beim Abkühlen des Aktors. Die resultierende maximale Betriebsfrequenz des Ventils von somit 5 Hz wird im oberen Graphen nochmals bestätigt (siehe auch [87]). Die in [88] vorgestellten vergleichbaren Ventile beinhalten neben einem Kühlkörper aus Kupfer (im Gegensatz zu dem hier verwendeten Aluminium-Kühlkörper), eine Keramikschicht als Aktorträger (hier: Aktorträger aus Kunststoff). Die so hergestellten Ventile erreichen eine maximale Frequenz von 10 Hz. Somit sind die hier erreichten 5 Hz zwar niedriger, aber dennoch in einem für die Anwendung ausreichenden Bereich. Weiterhin kann die Dynamik durch eine Optimierung des Kühlkörpers beispielsweise durch Wahl eines alternativen Materials wie Kupfer verbessert werden.

6.3 Prozesscharakterisierung

Mehrere Kunststoff-Mikroventile wurden gefertigt, um eine Aussage über die Stabilität des Fertigungsprozesses zu ermöglichen, sowie den Industriepartnern Demonstratoren zur Bemusterung zur Verfügung zu stellen (siehe Abbildung 6.7 sowie Tabelle 6.1). Abbildung 6.8 zeigt die Flussrate (links) und den elektrischen Widerstand des Aktors (rechts) über der Leistung eines in Serienfertigung hergestellten Ventils. Deutlich ist wieder der Zusammenhang von Umwandlungstemperatur des FGL-Aktors und der Durchflussänderung zu sehen. Wird der Aktor beheizt, stellt sich bei ca. 17 mW ein stärkerer Abfall des elektrischen Widerstandes bedingt durch die Phasenumwandlung von der R-Phase zu Austenit ein. Da der Aktor eine Kraft auf die Membran aus-

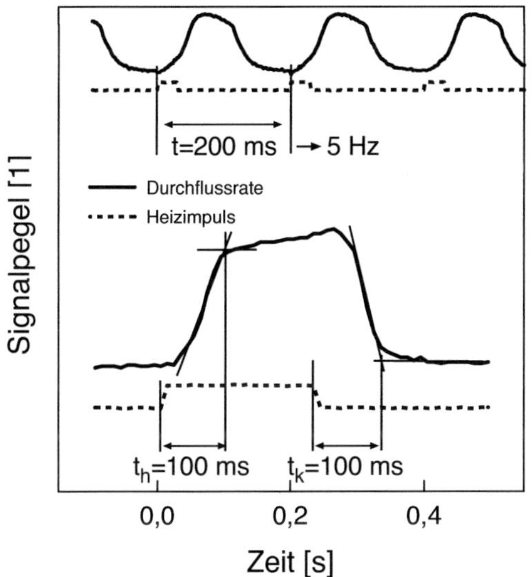

Abbildung 6.6: Dynamisches Verhalten eines durch selektiven Transfer hergestellten Mikroventils.

Abbildung 6.7: Fotografie der mittels Serienfertigung hergestellten Ventile.

übt, beginnt das Ventil zu schließen und es verringert sich der Durchfluss. Mit ca. 24 mW ist die Phasenumwandlung abgeschlossen, was wieder an einem Knick in der Widerstandskennlinie zu erkennen ist. Selbst höhere Leistungen zeigen keinen signifikant geringer werdenden Durchfluss mehr, da die Phasenumwandlung abgeschlossen ist. Kühlt der Aktor durch abnehmende elektrische Stromstärke ab, ist beginnend bei 25 mW eine weiter sprunghafte Änderung des Widerstandes und Ventildurchflusses an einem Knick in der entsprechenden Kurve zu erkennen. Es findet eine Phasenumwandlung von Austenit zur R-Phase statt. Unterhalb von 12 mW ist der Widerstand zunächst höher als in der entsprechenden Phase mit steigender Temperatur, bevor sie nahe der Heizleistung 0 mW wieder abfällt. Dies ist mit der beginnenden Phasenumwandlung von der R-Phase zu Martensit nahe der Raumtemperatur zu erklären.

Abbildung 6.9 zeigt das Verhalten des Durchflusses über der elektrischen Leistung zweier Mikroventile mit 200 μm Ventilsitz, welche parallel auf dem selben Substrat prozessiert wurden. Beide Ventile zeigen ein ähnliches Schließverhalten. Über einer Heizleistung von 17 mW beginnen die Ventile zu schließen. Jedoch hat das Ventil „2C" (oben) bereits mit 24 mW seinen geschlossenen Zustand erreicht, wohingegen für das Ventil „2D" (unten) mindesten 31 mW zum Schließen notwendig sind. Dieses Verhalten ist durch

Batch#	Ventil#	Ventilsitzdurchmesser [µm]	Bezeichnung
101	1	400	1A
101	2	400	1B
102	1	400	2A
102	2	400	2B
102	3	200	2C
102	4	200	2D

Tabelle 6.1: Verwendete Bezeichnung der gezeigten Ventile aus der Serienfertigung.

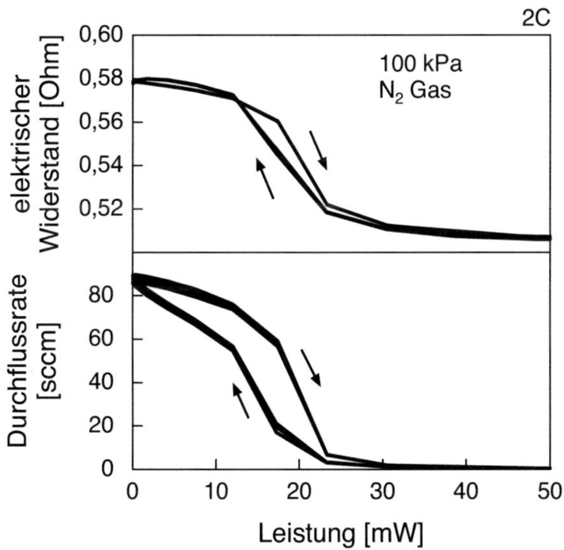

Abbildung 6.8: Vergleich von elektrischem Widerstand über der Leistung (oben) und Durchflussrate (N_2, gasförmig) über der Leistung (unten) eines in Serienfertigung hergestellten Mikroventils.

Fertigungstoleranzen und hierdurch variierende thermische Ankopplung des Aktors an den Kühlkörper zu erklären. So befindet sich zwischen den beiden Elementen eine Klebstoffschicht, welche in der Dicke und ihren lateralen Ausmaßen bedingt durch die applizierte Klebstoffmenge und den Anpressdruck bzw. dessen Verteilung schwanken kann. Ist der Aktor durch eine dünne und flächenmäßig vollständige Klebstoffschicht an den Kühlkörper gekoppelt, resultiert dies in einen optimalen Wärmetransport. Dies bedingt eine schnellere Abkühlung des Aktors im unbeheizten Zustand und zeigt sich durch eine höhere Dynamik des Ventils. Jedoch ist aufgrund des Wärmeaustrags auch eine höhere Heizleistung für den geschlossenen Zustand notwendig. Ist die Klebstoffschicht sehr dick und beinhaltet zudem noch mit Luft gefüllte Fehlstellen, wirkt dies als Isolierung zwischen Aktor und Wärmesenke. Das Resultat ist eine geringere notwendige Heizleistung zum Schließen des Ventils und Halten des geschlossenen Zustandes, jedoch leidet die Dynamik des Aktors und somit die maximale Schaltfrequenz des Ventils.

Die Kennlinien von zwei auf dem selben Substrat prozessierten Ventile mit 400 µm Ventilsitz sind in Abbildung 6.10 dargestellt.

Das Ventil „2A" (oben) zeigt eine deutliche Durchflussänderung bei Beheizen des Aktors, jedoch lässt es sich nicht vollständig schließen. Eine Simulation des Durchflusses (siehe Abbildung 6.11) mit 47 µm Vorspannung statt der gewünschten 75 µm spiegelt das Ventilverhalten gut wieder. Im unbeheizten Zustand stellt sich ein Durchfluss von 900 sccm sowohl in der Simulation, als auch im Versuch ein. Im beheizten Zustand sinkt der Durchfluss in der Simulation auf 300 sccm gegenüber 200 sccm im Versuch.

Das zweite Ventil mit 400 µm Ventilsitz („2B"; Abbildung 6.10 unten) zeigt einen fast vollständigen Ausfall der Funktionalität. Selbst bei einem geringen Druck von nur 50 kPa ist bereits ein sehr großer Durchfluss von 745 sccm zu beobachten. Durch Beheizen des Aktors sinkt dieser lediglich um 11% auf 665 sccm. Solche Ausfälle treten gelegentlich auf und sind zumeist durch das noch manuelle Schleifen des Aktorträgers bedingt, da hierbei Fehler in der Einstellung der Dicke nicht ausgeschlossen werden können. Auch eine

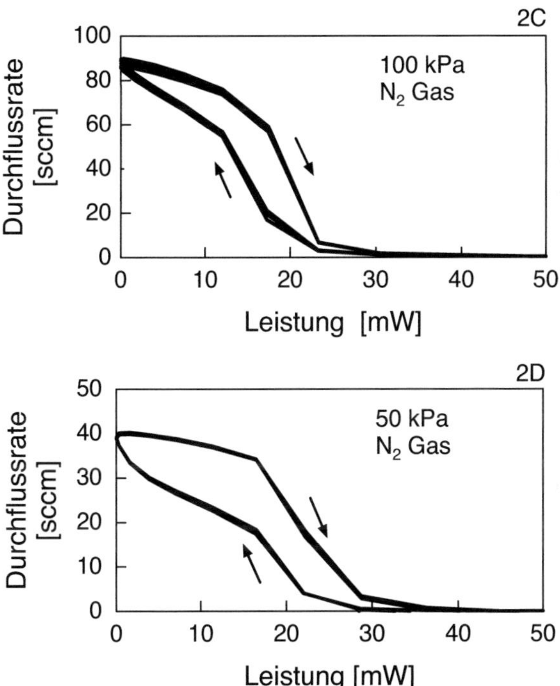

Abbildung 6.9: Komplett schließende Mikroventile mit 200 µm Ventilsitz.

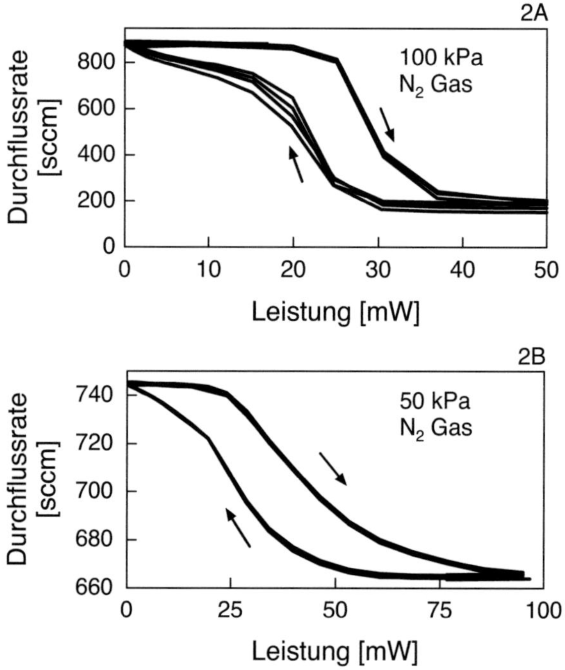

Abbildung 6.10: Nicht schließende Mikroventile mit 400 µm Ventilsitz.

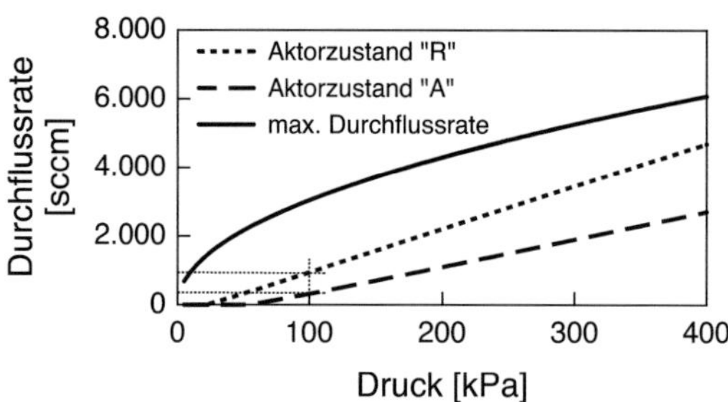

Abbildung 6.11: Simulation des Ventildurchflusses bei verschiedenen Drücken für gasförmigen Stickstoff bei 67 µm Vorauslenkung.

ungenügende Ausrichtung des Aktorträgers zum Ventilgehäuse kann dazu führen, dass das Distanzstück in Form einer Kugel nicht zentriert auf den Ventilsitz gedrückt wird. So ist bei zu großem seitlichen Versatz die Funktion der Selbstzentrierung nicht mehr ausreichend. Da die Ventilkomponenten jedoch durch Führungsstifte während der Montage zueinander ausgerichtet werden und das weitere auf dem Substrat vorhandene Ventil mit 400 µm Ventilsitz eine deutliche Funktion zeigt, ist ein Fehler der Zentrierung eher ausgeschlossen.

Die Charakteristik der in Abbildung 6.12 hergestellten baugleichen (400 µm Ventilsitz) und mit den selben Parametern hergestellten Ventile zeigen ein sehr ähnliches Verhalten und beweisen, dass die Fertigungsmethoden sowohl innerhalb eines Substrates, als auch im Vergleich zu anderen Substraten zu vergleichbaren Ergebnissen führt. Der Durchfluss liegt bei allen Ventilen in offenem Zustand bei ca. 950 sccm (+/- 100 sccm) und in geschlossenem Zustand bei 250 sccm (+/- 50 sccm). Schwankungen sind in der benötigten Leistung zum Schließen des Ventils zu erkennen. Der thermische Kontakt zwischen Aktor und Kühlkörper sowie Aktorträger ist folglich noch nicht bei allen aufgebauten Ventilen identisch. Die Fehlerquelle ist hier in der Verbindung von Aktor zu dem Kühlkörper aus Keramik zu suchen. Für die vorgestellten Ventile wird ein thermisch aushärtender Epoxy-Klebstoff verwendet, welcher manuell aufgetragen wird. Hier kann nicht von einer homogenen Klebstoffdicke und vollflächigen Verklebung ausgegangen werden. Für eine Serienfertigung ist aber mit einem Roboter eine gleichbleibende Applikation des Klebstoffes und somit eine gleichbleibende thermische Kontaktierung zu erwarten. Da sich das Keramikelement oberhalb des Aktors und nicht zwischen Aktor und Ventilgehäuse befindet, hat die Variation der Klebstoffdicke zwar Einfluss auf die benötigte Leistung zum Schließen des Ventils, aber nicht auf die minimale und maximale Durchflussrate, wie auch der folgende Abschnitt zeigen wird.

Aufgrund der sehr ähnlichen minimalen und maximalen Durchflusscharakteristika kann von einer gleichbleibenden Einstellung der Vorauslenkung sowohl bei den Ventilen auf einem Substrat, als auch im Vergleich mit einem

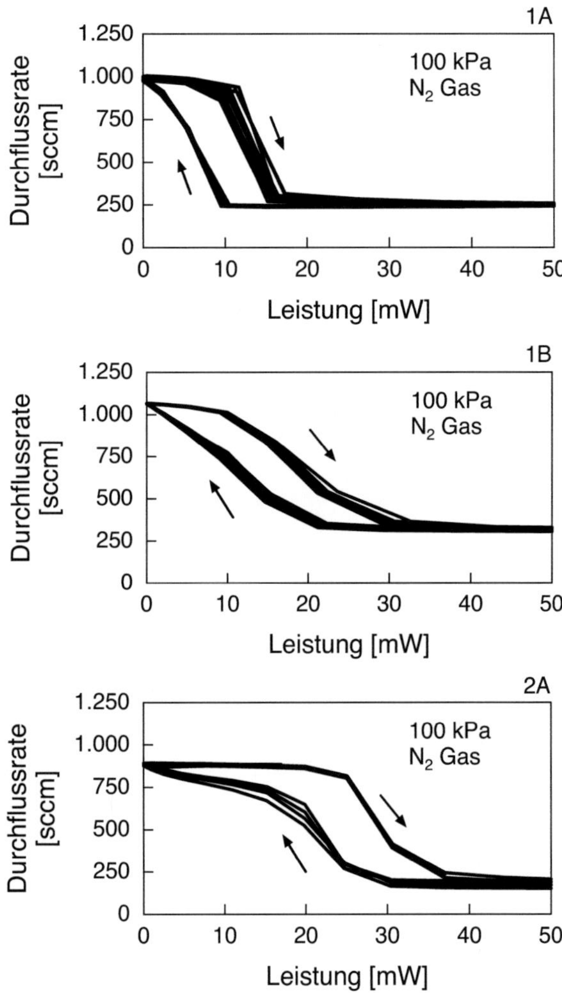

Abbildung 6.12: Vergleich des Durchflussverhaltens von Ventilen aus einer Serie (oben und Mitte) und aus einer anderen Serie (unten).

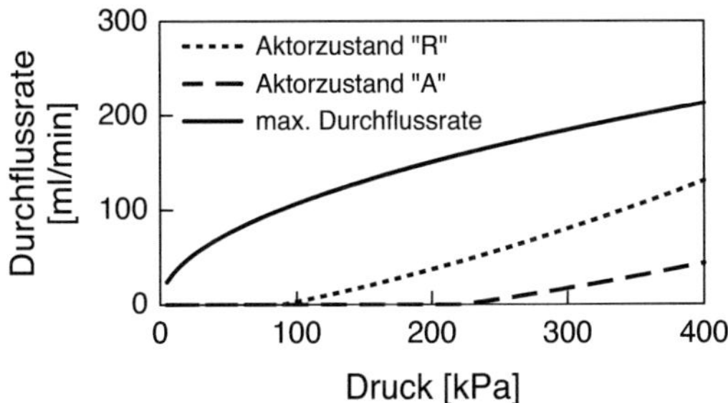

Abbildung 6.13: Simulation des Ventildurchflusses bei verschiedenen Drücken für Wasser bei 75 µm Vorauslenkung.

weiteren Substrat ausgegangen werden. Die Schwankungen von +/- 100 sccm und +/- 50 sccm im offenen, respektive geschlossenen Zustand des Ventils lassen mit Hilfe der Simulation auf eine Fertigungstoleranz der Vorauslenkung von +/- 2 µm schließen. Dies zeigt, dass die gewählte Ausführung der Abstandshalter zur passiven Einstellung der Dicke der hitzeaktivierbaren Folie während der Verklebung den gewünschten Effekt hat.

Messungen mit Flüssigkeiten welche als Medium für das im Fokus der Arbeit liegende Anwendungsgebiet „Biomedical" gefordert sind, können aus zeitlichen Gründen nicht erfolgen. Ein Vergleich ähnlicher in manueller Fertigung entstandener Ventile des Institutes [76] lassen gemeinsam mit den durchgeführten Simulationen jedoch auf einen maximalen Durchfluss von ca. $35\,\mathrm{ml}\cdot\mathrm{min}^{-1}$ (siehe Abbildung 6.13) schließen. Wie bereits in Kapitel 4.4 erwähnt, erreichen diese Werte nicht die geforderten Spezifikationen von $200\,\mathrm{ml}\cdot\mathrm{min}^{-1}$. Jedoch waren diese in Absprache mit den Industriepartnern einerseits als maximal sinnvolle Größe zu verstehen, andererseits liegt der Schwerpunkt der vorliegenden Arbeit auf der Entwicklung der Transfer- und Integrationstechniken, welche mit dem Augenmerk auf einer universellen Anwendbarkeit entwickelt wurden. Somit ist eine Anpassung des Ventils an andere Spezifikationen leicht möglich.

7 Zusammenfassung und Ausblick

7.1 Zusammenfassung

Ziel der vorliegenden Arbeit war es, die Integration von Materialkombinationen in Mikrosysteme zu ermöglichen, welche sich nicht für monolitische Herstellungs- und Integrationsverfahren eignen. Eine aufwändige und somit meist kostspielige Pick-and-Place Montage sollte dabei hinsichtlich der wirtschaftlichen Eignung auch für größerer Stückzahlen unbedingt vermieden werden. Als Basis wurde der Ansatz des Wafer-Transfers gewählt, bei dem für die verschiedenen Komponenten eines Mikrosystems unterschiedliche Herstellungsverfahren gewählt werden können und die Komponenten später mittels Übertragungstechniken auf Waferebene integriert werden. Als Demonstratorsystem wurde ein Kunststoff-Mikroventil mit einem Aktor aus einer Formgedächtnislegierung gewählt. Die Replikation der Kunststoffteile des Ventils erfolgte mittels Heißprägen aus verschiedenen Polymeren. Das Ausgangsmaterial des Aktors, eine dünne, kaltgewalzte Nickel-Titan Folie erfordert während der Herstellung Temperschritte, welche bei über 700 °C stattfinden. Die Strukturierung des Aktors aus der Folie erfolgt mittels lithografischer Methoden und nasschemischer Ätzprozesse. Alleine diese beiden Beispiele zeigen die mögliche Materialvielfalt eines Mikrosystems und die damit verbundenen unterschiedlichen Anforderungen und Restriktionen an den jeweiligen Fertigungsprozess.

Die Arbeit fand im Rahmen eines von der EU geförderten Projektes mit insgesamt zwölf europäischen Partnern aus dem Bereich der Forschung und Industrie statt. Es wurden zunächst die Marktanforderungen für aktive und kommerziell interessante Mikroventile mit Hilfe der Industriepartner ermittelt. Es folgte eine Bewertung der Machbarkeit der verschiedenen Anforderungen auch hinsichtlich möglicher Gehäusematerialien wie Kunststoff oder Silizium und der Verwendung geeigneter Aktormaterialien wie piezolektrische Keramiken oder Formgedächtnislegierungen. Für die Arbeiten am Forschungszentrum Karlsruhe wurden dabei die Anwendungsbereiche biomedizinischer Systeme und kleiner Brennstoffzellen-Systeme in den Vordergrund gestellt und im Rahmen dieser Arbeit der Schwerpunkt auf Erstere gelegt.

Auf Basis dieser Auswahl und den ermittelten Spezifikationen wurden die erforderlichen durchflussbestimmenden Ventil- und Aktorgeometrien wie Ventilsitzdurchmesser und Länge, Breite und Dicke der einzelnen Stege des verwendeten NiTi-Brückenaktors, durch eine mathematische Abschätzung ermittelt. Da das Ziel der Arbeit die Entwicklung von Integrationstechniken und nicht der Bau eines Ventils für eine genau definierte Anwendung war, werden die maximal geforderten Spezifikationen nicht voll erfüllt, stellen aber einen guten Kompromiss aus technischer Sicht möglichem und von Spezifikationsseite sinnvollem dar.

Für die Aufbau- und Verbindungstechnik wurde die Verwendung von hitzeaktivierbaren Klebefolien sowie das Ultraschallschweißen von Mikrostrukturen untersucht. Die Klebefolien können mittels Laserschneiden strukturiert werden und ermöglichen definierte Klebestellen, ohne die Gefahr des unkontrollierten Fließens, wie dies beispielsweise bei niederviskosen Klebstoffen häufig der Fall ist. Durch ihre sehr niedrige Klebekraft im Auslieferungszustand, ist die Handhabung einfach. Erst unter dem Einfluss von Hitze gewinnen die Folien ihre beidseitige Haftkraft. Eine großflächige Anwendung ermöglicht Verbindungen auf der Waferebene und somit eine Serienfertigung. Das Ultraschallschweißen von Mikrokomponenten wurde näher untersucht, da es das Potential bietet fremdstofffreie Verbindungen zu schaffen, was insbesondere auf dem biomedizinischen Gebiet von großem Interesse ist. Es verblieb jedoch immer ein leichter Leckfluss. Eine alternative Möglichkeit zur Integration von Membranen in mikrofluidische Bauteile wurde mit dem Heißsiegeln untersucht und erfolgreich mit einer Membran gedeckelte, abgedichtete Ventilgehäuse hergestellt. Für alle drei Verbindungstechniken wurden die entsprechenden Prozessparamter definiert und funktionsfähige Ventilprotoypen aufgebaut und charakterisiert.

Für den Transfer von Mikrokomponenten wurde ein Wafer-Transfer-Prozess zum Übertragen ganzer Substrate entwickelt. Hierbei wurden die Aktoren aus Formgedächtnislegierung getrennt von den Kunststoffkomponenten des Mikroventils strukturiert und prozessiert. Während des Transferprozesses erfolgt die Integration beider Substrate. Hierfür müssen beide Substrate gleiche Bauteilgrößen aufweisen.

Wenn kleine Aktoren in große Ventilgehäuse integriert werden sollen, geht auf dem Aktorsubstrat viel Fläche ungenutzt verloren. Insbesondere im Fall kostenintensiver Materialien und Prozesse für die Aktorherstellung, kann dies den Prozess schnell unwirtschaftlich machen. Um dies zu umgehen, wurde der Prozess eines Projektpartners weiterentwickelt und an die Erfordernisse der Ventilherstellung mit Formgedächntisaktoren angepasst und optimiert. Hierbei werden die Formgedächtnisfolien auf einem Glassubstrat mittels zweier Verbindungsschichten und einem Heißprägeprozess aufgebracht. Nach der Strukturierung und lokalen Verklebung mit dem Zielsystem, können durch selektives Abtragen der Verbindungsschicht zum Glassubstrat einzelne Aktoren gelöst und somit übertragen werden. Auch hierzu wurden Ventile aufgebaut und ein Prototyp charakterisiert.

Die Idee des „selektiven Transfers" wurde zu einem weiterentwickelten „selektiven Transfer" Prozess optimiert. Dieser bietet durch die Verwendung kostengünstiger Materialien wie konventioneller Leiterplatten und einem einfachen Aufbau, eine leicht handhabbare Technologie für das gezielte Übertragen von Mikrobauteilen.

Zum Abschluss der Arbeit wurde eine Kleinserie gebaut, um einen Vergleich verschiedener Ventile einer Serie untereinander, als auch unterschiedlicher Serien zu ermöglichen. Die Charakterisierung ergab in beiden Fällen gute Übereinstimmungen. Die Anforderungen des eingangs erstellten Lastenheftes, konnten trotz des nur richtungsweisenden Charakters bereits in weiten Bereichen erfüllt werden. So sind der Druckbereich, die Außenabmaße, die elektrische Spannung für den Aktor sowie die Beständigkeit gegen Chemikalien im Fall des Anwendungsbereiches „Biomedical" voll erfüllt. Die erreichte Durchflussmenge liegt noch unterhalb der geforderten, jedoch in einem für die Anwendung dennoch interessanten Bereich.

7.2 Ausblick

Im Rahmen der Arbeit wurden neue Herstellungsverfahren entwickelt und an Protoypen deren Machbarkeit demonstriert. Eine endgültige Bewertung hinsichtlich der industriellen Eignung der Verfahren und belastbare statistische Werte bezüglich der Ausbeute und Auswirkung von Fertigungs- und Montagetoleranzen kann aber nur die Anwendung in einer industriellen Fertigungsumgebung und einem späteren Produkt liefern.

Nächster Schritt ist dabei zwingend von kleinen heißgeprägten Kunststoffsubstraten mit wenigen Bauteilen auf größere Flächen und somit mehr Ventilgehäusen in einem Fertigungslos überzugehen. Erst hierdurch können die entwickelten Fertigungsverfahren ihren vollen Vorteil durch die Möglichkeit der hochparallelen Prozessierung ausspielen. Alternativ können auch spritzgegossene Komponenten in Betracht gezogen werden. In beiden Fällen ist ein besonderes Augenmerk auf die Dicke des Aktorträgers zu richten, da sich diese maßgeblich für die Vorspannung des Aktors und somit des Ventil-Durchflussverhaltens zeigt.

Insbesondere die Dicke des Aktorträgers wurde in der Arbeit noch aufwändig durch Schleifen eingestellt. Dies ist mit Abstand der arbeitsintensivsten Schritt. Nachdem die Auswirkungen der eingeführten sphärischen Abstandshalter auf die Vorspannung und Dichtigkeit des Ventils mittlerweile bekannt sind, kann die benötigte Dicke des Aktorträgers bestimmt werden. Dies ist beim Design des Werkzeuges für die Kunststoffreplikation zu berücksichtigen, womit kein zusätzlicher Schleifschritt mehr notwendig ist.

In den letzten Tagen dieser Arbeit entstand eine Kooperation, zwischen der Mikroaktorik-Arbeitsgruppe des Institutes und einem Industrieunternehmen zum Thema FGL-Mikroventile. Somit wurde ein erheblicher Schritt in

Richtung der industriellen Serienfertigung von Kunststoff-Mikroventilen mit Formgedächtnisaktoren gemacht und die erwähnte endgültige Bewertung der Serientauglichkeit in einer industriellen Produktionsumgebung ist deutlich näher gerückt.

A Anhang

A.1 Auswahlmatrizen

		gate	seat	PZT	SMA
Ventiltyp relevant					
Druckdifferenz [10^5 Pa]	1,4 - 8	+	?		
Durchfluss [ml/min]	16k - 400k	?	?		
max. Leckfluss [ml/min]	0 - 25k	+	+		
Medium	Luft	+	+		
Aktor relevant					
Schaltfrequenz [Hz]	2 - 10			+	+
Energieverbrauch [mW]	0 - 50			+	?
max. Spannung [V]	1 - 24			?	+
max. Strom [mA]	0 - 3,5			+	-
Betriebstemperatur [°C]	-40 - +85			+	?
vorläufige Auswahl		+	?	+	-

Tabelle A.1: Auswahlmatrix des Ventilprinzips und Aktorprinzips für das Anwendungsgebiet „IP-Konverter".

		gate	seat	PZT	SMA
Ventiltyp relevant					
Druckdifferenz [10^5 Pa]	4 - 10	+	?		
Durchfluss [ml/min]	0 - 4k	+	+		
max. Leckfluss [ml/min]	0	-	?		
Medium	O_2 / Luft	+	+		
Aktor relevant					
Schaltfrequenz [Hz]	2 - 10			+	+
Energieverbrauch [mW]	0 - 30			?	-
max. Spannung [V]	1,2 - 3			-	+
max. Strom [mA]	0 - 3,5			+	-
Betriebstemperatur [°C]	-20 - +50			+	?
Auswahl		-	?	-	-

Tabelle A.2: Auswahlmatrix des Ventilprinzips und Aktorprinzips für das Anwendungsgebiet „Tauchausrüstung".

		gate	seat	PZT	SMA
Ventiltyp relevant					
Druckdifferenz [10^5 Pa]	50	?	?		
Durchfluss [ml/min]	17	+	+		
max. Leckfluss [ml/min]	0	-	?		
Medium	Flüssigkeiten	+	+		
Aktor relevant					
Schaltfrequenz [Hz]	20			+	?
Energieverbrauch [mW]					
max. Spannung [V]					
max. Strom [mA]					
Betriebstemperatur [°C]	bis zu 150			?	-
vorläufige Auswahl		-	?	+	-

Tabelle A.3: Auswahlmatrix des Ventilprinzips und Aktorprinzips für das Anwendungsgebiet „Mikroreaktor".

A.2 Abschätzung der mechanischen Aktorspannung

Die Aktorstege können als Seil nach dem in Abbildung 4.5 dargestellten Modell definiert werden. Die Spannung innerhalb eines Steges lässt sich somit berechnen nach:

$$\sigma = \frac{F_S}{A_S} \tag{A.1}$$

mit

$$A_S = b_S h_S \tag{A.2}$$

Wobei A_S der Stegquerschnitt, b_S die Stegbreite und h_S die Steghöhe ist. Die auf die Membran wirkende Kraft F_M ergibt sich aus dem anliegenden Differenzdruck p sowie einem Korrekturfaktor k (für alle Berechnungen mit 0,25 angenommen), welcher den nach dem Ventilsitz abfallenden und somit reduziert auf die Membranfläche A_M wirkenden Druck mit in Betracht zieht.

$$F_M = A_M \, p \, k \tag{A.3}$$

In einem Steg des Aktors (welcher aus sechs Speichen besteht) wirkt abhängig von der Auslenkung und dem sich einstellenden Winkel α demnach die Kraft F_S gemäß:

$$\sin \alpha = \frac{\frac{F_M}{6}}{F_S} \tag{A.4}$$

Durch die Formeln A.1 bis A.4 ergibt sich:

$$\sigma = \frac{F_M}{6 \, b_S \, h_S \, \sin\alpha} \tag{A.5}$$

Der Winkel α kann bestimmt werden durch:

A Anhang

$$\sin\alpha = \frac{hub}{\frac{l}{2}(1+\varepsilon)} \tag{A.6}$$

Wodurch sich wiederum ergibt:

$$\sigma = \frac{F_M\, l\,(1+\varepsilon)}{12\, b_S\, h_S\, hub} \tag{A.7}$$

Zur vereinfachten Rechnung wird

$$K = \frac{\sigma}{(1+\varepsilon)} \tag{A.8}$$

eingeführt. Die letzten beiden Formeln führen zu:

$$K = \frac{F_M\, l}{12\, b_S\, h_S\, hub} \tag{A.9}$$

Mit Hilfe von

$$\varepsilon = \frac{\sigma}{E} \tag{A.10}$$

erhält man

$$K = \frac{\sigma}{1+\frac{\sigma}{E}} \tag{A.11}$$

und nach Umformung:

$$\sigma = \frac{K}{1-\frac{K}{E}} \tag{A.12}$$

Gemeinsam mit Gleichung A.9 ergibt sich so:

$$\sigma = \frac{(F_M\, l\, E)}{(12\, b_S\, h_S\, hub\, E - F_M\, l)} \tag{A.13}$$

A.3 Formeinsatzvermessung

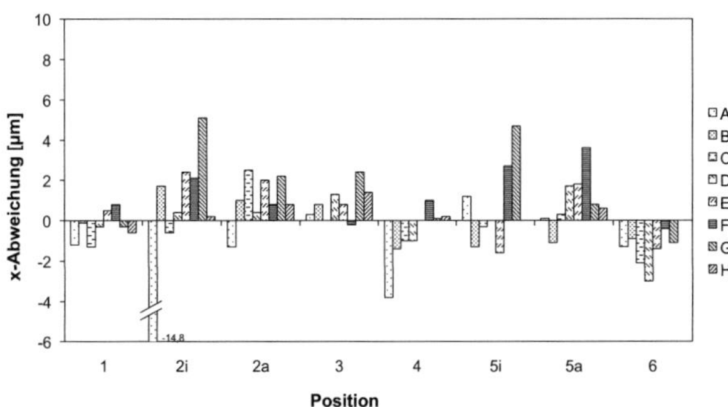

Abbildung A.1: x-Abweichung der Strukturdetails auf Formeinsatz #2.

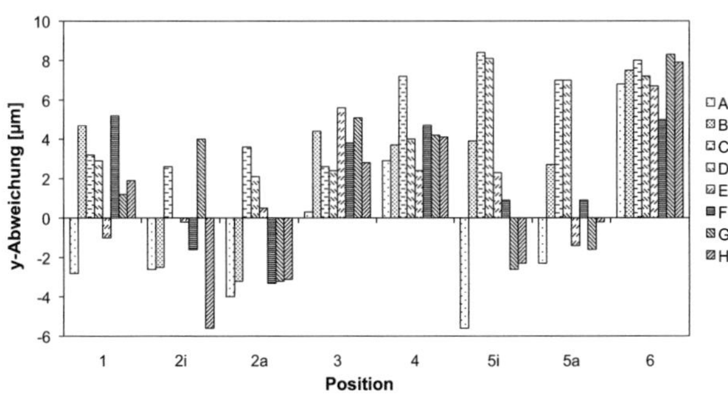

Abbildung A.2: y-Abweichung der Strukturdetails auf Formeinsatz #2.

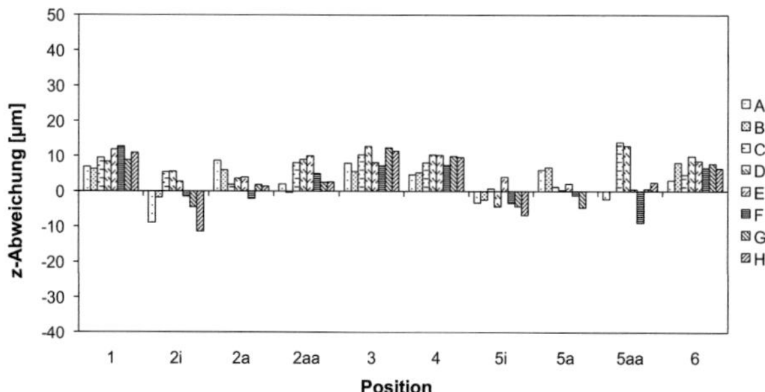

Abbildung A.3: z-Abweichung der Strukturdetails auf Formeinsatz #2.

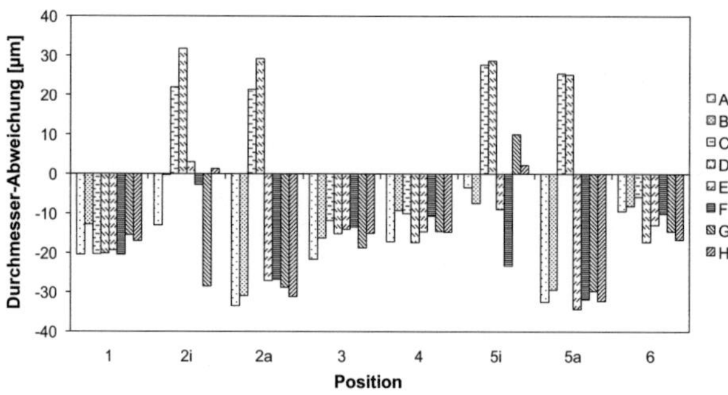

Abbildung A.4: Durchmesser-Abweichung der Strukturdetails auf Formeinsatz #2.

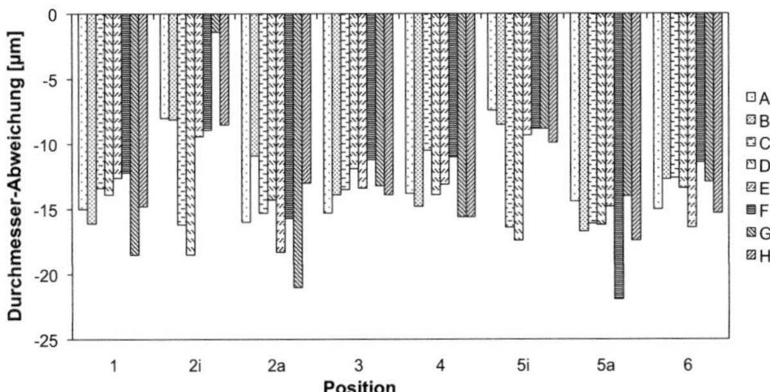

Abbildung A.5: Durchmesser-Abweichung der Strukturdetails auf Formeinsatz #1.

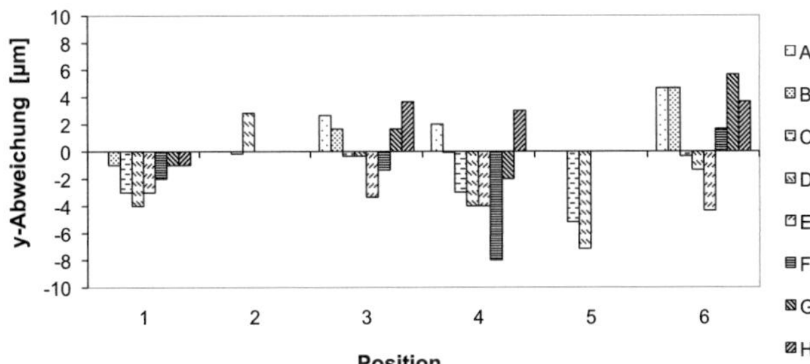

Abbildung A.6: y-Abweichung der Strukturdetails (Seite des Formeinsatzes #1; Schrumpf korrigiert).

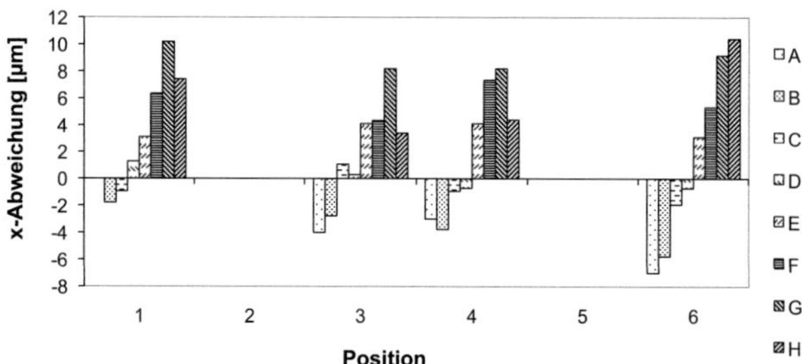

Abbildung A.7: x-Abweichung der Strukturdetails (Seite des Formeinsatzes #2; Schrumpf korrigiert).

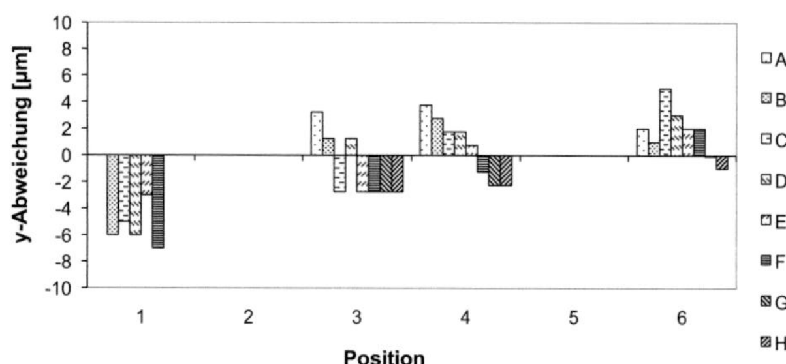

Abbildung A.8: y-Abweichung der Strukturdetails (Seite des Formeinsatzes #2; Schrumpf korrigiert).

Literaturverzeichnis

[1] G. E. Moore, "Cramming more components onto integrated circuits," *Electronics*, vol. 38, April 1965.

[2] M. C. Verlinden, S. M. King, and C. M. Christensen, "Seeing beyond moore's law," *Semiconductor International*, vol. 25, pp. 50–60, July 2002.

[3] J. D. Meindl, "Beyond moore's law: The interconnect era," *Computing in Science and Engineering*, vol. 5, no. 1, pp. 20–24, 2003.

[4] D. Dudley and C. Dunn, "DLP Technologie – nicht nur für Projektoren und Fernsehen," *Photonik*, vol. 1, pp. 32–35, 2005.

[5] W. Menz, "Festtagsrede anlässlich 50 jahre ikvt/imt am forschungszentrum karlsruhe/universität karlsruhe (th)." 2008.

[6] K. Skrobanek, M. Kohl, and S. Miyazaki, "Stress-optimized shape memory microvalves," *Proc. MEMS 97, IEEE Catalog No.97CH36021*, pp. 256–261, 1997.

[7] K. Skrobanek, O. Hagena, and M. Kohl, *Entwicklung von Mikromembranaktoren mit NiTi-Formgedächtnislegierungen*. PhD thesis, Universität Karlsruhe, 1998.

[8] M. Kohl, E. Just, A. Strojek, K. Skrobanek, W. Pfleging, and S. Miyazaki, "Shape memory microvalves for high pressure applications," *Proc. Actuator 98, Bremen, Germany*, pp. 473–477, 1998.

[9] M. Kohl, D. Dittmann, E. Quandt, B. Winzek, S. Miyazaki, and D. Allen, "Shape memory microvalves based on thin films or rolled sheets," pp. 784–788, 1999.

[10] M. Kohl, K. Skrobanek, and S. Miyazaki, "Development of stress-optimised shape memory microvalves," *Sensors and Actuators A72*, pp. 243–250, 1999.

[11] M. Kohl, J. Göbes, and B. Krevet, "Normally-closed shape memory microvalve," *Proc. SMART 2000, Sendai, Japan*, 2000.

[12] J. Barth, T. Grund, B. Krevet, and M. Kohl, "A magnetic-force enhanced bistable shape memory microactuator," *Actuator 2008: 11th International Conference on New Actuators, June 9-11, 2008*, pp. 386–389, 2008.

[13] W. van der Wijngaart, R. M. Despont, D. Bhattacharyya, P. B. Kirby, S. Wilson, R. Jourdain, S. Braun, N. Sandström, J. Barth, T. Grund, M. Kohl, F. Niklaus, M. Lapisa, and F. Zimmer, "Increasing the performance per cost of microsystems by transfer bonding manufacturing techniques," *mstnews*, no. 2, pp. 27–28, 2008.

[14] U. Mescheder, *Mikrosystemtechnik - Konzepte und Anwendungen*. B.G. Teubner Verlag, Juli 2004.

[15] F. Völklein and T. Zetterer, *Praxiswissen Mikrosystemtechnik: Grundlagen Technologien Anwendungen*. Vieweg+Teubner Verlag, 2006.

[16] M. Heckele and W. K. Schomburg, "TOPICAL REVIEW: Review on micro molding of thermoplastic polymers," *Journal of Micromechanics and Microengineering*, vol. 14, pp. R1–14, Mar. 2004.

[17] A. Gebhardt, *Generative Fertigungsverfahren: Rapid Prototyping - Rapid Tooling - Rapid Manufacturing*. München: Hanser, 3. ed., 2007.

[18] V. Piotter, W. Bauer, T. Benzler, and A. Emde, "Injection molding of components for microsystems," *Microsystem Technologies*, vol. 7, no. 3, pp. 99–102, 2001.

[19] W. Michaeli, A. Spennemann, and R. Gärtner, "New plastification concepts for micro injection moulding," *Microsystem Technologies*, vol. 8, no. 1, pp. 55–57, 2002.

[20] S. Böhlinger, "Spritzgießen und Spritzprägen von Kunststoffoptiken," *IKV-Berichte aus der Kunststoffverarbeitung*, 2002.

[21] H. Dittrich, M. Heckele, and W. K. Schomburg, *Werkzeugentwicklung für das Heißprägen beidseitiger mikrostrukturierter Formteile*. PhD thesis, Universität Karlsruhe, 2004.

[22] L. Weber, W. Ehrfeld, M. Begemann, U. Berg, and F. Michel, "Fabrication of plastic microparts on wafer level," *Micromachining and Microfabrication Process Technology V*, vol. 3874, no. 1, pp. 44–52, 1999.

[23] M. Worgull, M. Heckele, and W. K. Schomburg, *Analyse des Mikro-Heißprägeverfahrens*. PhD thesis, Universität Karlsruhe, 2003.

[24] C. Mehne, *Großformatige Abformung mikrostrukturierter Formeinsätze durch Heißprägen*. Universitätsverlag Karlsruhe, 2007.

[25] W. Menz and J. Mohr, *Mikrosystemtechnik für Ingenieure*. 3, Wiley-VCH, 2005.

[26] H. Wicht and J.-C. Eloy, "4th strategic european round table on microsystems: Times are changing," *mst news*, no. 21, pp. 42–42, 1996.

[27] S. T. Walsh, "Choosing between integrated and hybrid microsystems," *Micromachine Devices*, November 2001.

[28] J. Seyfried, *Planungs- und Steurerungssystem für die Mikromontage mit Mikrorobotern*. Logos Verlag Berlin, 2003.

[29] F. Sarvar, D. Hutt, and D. Whalley, "Application of adhesives in MEMS and MOEMS assembly: a review," *Polymers and Adhesives in Microelectronics and Photonics, 2002. POLYTRONIC 2002. 2nd International IEEE Conference on*, pp. 22–28, 2002.

[30] W. Schomburg, R. Ahrens, W. Bacher, C. Goll, S. Meinzer, and A. Quinte, "Amanda–low-cost production of microfluidic devices," *Sensors and Actuators A: Physical*, vol. 70, no. 1-2, pp. 153 – 158, 1998.

[31] J. Martin, W. Bacher, O. Hagena, and W. Schomburg, "Strain gauge pressure and volume-flow transducers made by thermoplastic molding and membrane transfer," *Micro Electro Mechanical Systems, 1998.*

MEMS 98. Proceedings., The Eleventh Annual International Workshop on, pp. 361–366, Jan 1998.

[32] W. K. Schomburg, R. Ahrens, W. Bacher, J. Martin, and V. Saile, "Amanda–surface micromachining, molding, and diaphragm transfer," *Sensors and Actuators A: Physical*, vol. 76, no. 1-3, pp. 343 – 348, 1999.

[33] T. Rogge, Z. Rummler, and W. K. Schomburg, "Polymer micro valve with a hydraulic piezo-drive fabricated by the amanda process," *Sensors and Actuators A: Physical*, vol. 110, no. 1-3, pp. 206 – 212, 2004.

[34] R. Truckenmüller, P. Henzi, D. Herrmann, V. Saile, and W. Schomburg, "Bonding of polymer microstructures by uv irradiation and subsequent welding at low temperatures," *Microsystem Technologies*, vol. 10, pp. 372–374, 08 2004.

[35] A. E. Guber, M. Heckele, D. Herrmann, A. Muslija, V. Saile, L. Eichhorn, T. Gietzelt, W. Hoffmann, P. C. Hauser, J. Tanyanyiwa, A. Gerlach, N. Gottschlich, and G. Knebel, "Microfluidic lab-on-a-chip systems based on polymers–fabrication and application," *Chemical Engineering Journal*, vol. 101, no. 1-3, pp. 447 – 453, 2004.

[36] H. Mühlberger, W. Hoffmann, A. E. Guber, and V. Saile, *Mikrofluidisches CE-System aus Polymeren mit elektrischer Detektion für Life-Science-Anwendungen*. PhD thesis, Universität Karlsruhe, 2007.

[37] P. Volker, R. Bader, P. Jacob, and H. Moritz, "Patent DE 19851644 A1."

[38] W. A. Neitzert, *Schweißen und Heißsiegeln von Kunststoffen*. Die Kunststoffbücherei; 7, Speyer: Zechner und Huethig, 2. Aufl. ed., 1972.

[39] P. Meka and F. C. Stehling, "Heat sealing of semicrystalline polymer films. I. Calculation and measurement of interfacial temperatures: Effect of process variables on seal properties," *Journal of Applied Polymer Science*, vol. 51, no. 1, pp. 89–103, 1994.

[40] E. Haberstroh, W.-M. Hoffmann, R. Poprawe, and F. Sari, "3 Laser transmission joining in microtechnology," *Microsystem Technologies*, vol. 12, pp. 632–639, 06 2006.

[41] A. Roesner, A. Boglea, and A. Olowinsky, "Laserdurchstrahlschweißen von Thermoplasten," *Laser Technik Journal, WILEY-VCH Verlag, Weinheim*, vol. 5, no. 4, pp. 28–32, 2008.

[42] H.-A. Yang, C.-W. Lin, and W. Fang, "Wafer level self-assembly of microstructures using global magnetic lifting and localized induction welding," *Journal of Micromechanics and Microengineering*, vol. 16, no. 1, pp. 27–32, 2006.

[43] A. Yousefpour, M. Hojjati, and J.-P. Immarigeon, "Fusion bonding / Welding of thermoplastic composites," *Journal of Thermoplastic Composite Materials*, vol. 17, no. 4, pp. 303–341, 2004.

[44] R. Truckenmüller, Y. Cheng, R. Ahrens, H. Bahrs, G. Fischer, and J. Lehmann, "Micro ultrasonic welding: joining of chemically inert polymer microparts for single material fluidic components and systems," *Microsystem Technologies*, vol. 12, pp. 1027–1029, 09 2006.

[45] R. Truckenmüller, R. Ahrens, Y. Cheng, G. Fischer, and V. Saile, "An ultrasonic welding based process for building up a new class of inert fluidic microsensors and -actuators from polymers," *Sensors and Actuators A: Physical*, vol. 132, no. 1, pp. 385 – 392, 2006. The 19th European Conference on Solid-State Transducers.

[46] P. Khuntontong, T. Blaser, and W. Schomburg, "Ultrasonic micro hot embossing of polymers exemplified by a micro thermal flow sensor," *Proc. Smart Systems Integration 2008, Barcelona, Spain, 9th - 10th April*, pp. 327 – 334, 2008.

[47] W. Kordonsky, "Magnetorheological effect as a base of new devices and technologies," *J. Mag. and Mag. Mat*, no. 122, pp. 395–398, 1993.

[48] M. R. Jolly, J. W. Bender, and J. D. Carlson, "Properties and applications of commercial magnetorheological fluids," vol. 3327, pp. 262–275, 1998.

[49] L. Zipser, L. Richter, and U. Lange, "Magnetorheologic fluids for actuators," *Sensors and Actuators A: Physical*, vol. 92, no. 1-3, pp. 318 – 325, 2001.

[50] D. Niarchos, "Magnetic MEMS: key issues and some applications," *Sensors and Actuators A: Physical*, vol. 109, no. 1-2, pp. 166 – 173, 2003.

[51] R. C. Smith, *Smart Material Systems – Model Developement.* Society for Industrial and Applied Mathematics, 2005.

[52] Heywang, *Sensorik.* Springer Verlag, 1988.

[53] Y. Saito, H. Takao, T. Tani, T. Nonoyama, K. Takatori, T. Homma, T. Nagaya, and M. Nakamura, "Lead-free piezoceramics," *Nature*, vol. 432, pp. 84–87, 11 2004.

[54] K. Otsuka, *Shape memory materials.* Cambridge: Cambridge Univ. Press, 1999.

[55] A. Lendlein and R. Langer, "Biodegradable, elastic shape-memory polymers for potential biomedical applications," *Science*, vol. 296, no. 5573, pp. 1673–1676, 2002.

[56] M. V. Swain, "Shape memory behaviour in partially stabilized zirconia ceramics," *Nature*, vol. 322, pp. 234–236, 07 1986.

[57] K. Ikuta, "Micro/miniature shape memory alloy actuator," *Proc. IEEE Workshop*, vol. 3, pp. 2156–2161, 1990.

[58] P. Krulevitch, A. Lee, P. Ramsey, J. Trevino, J. Hamilton, and M. Northrup, "Thin film shape memory alloy microactuators," *Microelectromechanical Systems, Journal of*, vol. 5, pp. 270–282, Dec 1996.

[59] M. Kohl, *Shape Memory Microactuators.* Microtechnology and MEMS, Springer Verlag, 2004.

[60] K. Tanaka, F. Nishimura, and H. Tobushi, "Transformation start lines in tini and fe-based shape memory alloys after incomplete transformations induced by mechanical and/or thermal loads," *Mechanics of Materials*, vol. 19, no. 4, pp. 271 – 280, 1995.

[61] S. Miyazaki and K. Otsuka, "Deformation and transition behavior associated with the R-phase in TiNi alloys," *Metall. Trans.*, vol. A, no. 17A, pp. 53–63, 1986.

[62] M. Kohl, I. Hürst, and B. Krevet, "Time response of shape memory microvalves," *Proc. Actuator 2000, Bremen, Germany*, pp. 212–215, 2000.

[63] M. Tomozawa, H. Y. Kim, and S. Miyazaki, "Microactuators using R-phase transformation of sputter-deposited Ti-47.3Ni shape memory alloy thin films," *Journal of Intelligent Material Systems and Structures*, vol. 17, no. 12, pp. 1049–1058, 2006.

[64] N. T. Nguyen, "Micromachined flow sensors–a review," *Flow Measurement and Instrumentation*, vol. 8, no. 1, pp. 7 – 16, 1997.

[65] "Mikroventile, Schnell schalten - auch im Weltraum," tech. rep., Anwendungs-Bericht MF 021, HSG-IMIT, Villingen-Schwenningen.

[66] "Mikroventil - Bauart "Normal Offen"," tech. rep., Infoblatt 05/02, Fraunhofer-Institut für Zuverlässigkeit und Mikrointegration, München.

[67] S. Haasl, S. Braun, A. Ridgeway, S. Sadoon, W. van der Wijngaart, and G. Stemme, "Out-of-plane knife-gate microvalves for controlling large gas flows," *Microelectromechanical Systems, Journal of*, vol. 15, pp. 1281–1288, Oct. 2006.

[68] K. W. Oh and C. H. Ahn, "A review of microvalves," *Journal of Micromechanics and Microengineering*, vol. 16, no. 5, pp. R13–R39, 2006.

[69] J. Fahrenberg, W. Bier, D. Maas, W. Menz, R. Ruprecht, and W. K. Schomburg, "A microvalve system fabricated by thermoplastic molding," *Journal of Micromechanics and Microengineering*, vol. 5, no. 2, pp. 169–171, 1995.

[70] C. Goll, W. Bacher, B. Bustgens, D. Maas, R. Ruprecht, and W. K. Schomburg, "An electrostatically actuated polymer microvalve equipped with a movable membrane electrode," *Journal of Micromechanics and Microengineering*, vol. 7, no. 3, pp. 224–226, 1997.

[71] H. Hartshorne, C. J. Backhouse, and W. E. Lee, "Ferrofluid-based microchip pump and valve," *Sensors and Actuators B: Chemical*, vol. 99, no. 2-3, pp. 592 – 600, 2004.

[72] L.-W. Pan and L. Lin, "Batch transfer of liga microstructures by selective electroplating and bonding," *Journal of Microelectromechanical Systems*, vol. 10, pp. 25–32, Mar 2001.

[73] H. Nguyen, P. Patterson, H. Toshiyoshi, and M. Wu, "A substrate-independent wafer transfer technique for surface-micromachined devices," *Micro Electro Mechanical Systems, 2000. MEMS 2000. The Thirteenth Annual International Conference on*, pp. 628–632, Jan 2000.

[74] K. Skrobanek, M. Kohl, and E. Quandt, "Patent DE 19821841 C1."

[75] R. Guerre, U. Drechsler, D. Jubin, and M. Despont, "Cmos-compatible wafer-level microdevice-distribution technology," *Solid-State Sensors, Actuators and Microsystems Conference, 2007. TRANSDUCERS 2007. International*, pp. 2087–2090, June 2007.

[76] Y. Liu and M. Kohl, *Formgedächtnis - Mikroventile mit hoher Energiedichte*. PhD thesis, Universität Karlsruhe, November 2003.

[77] S. Wilson, R. Jourdain, T. Grund, J. Barth, M. Kohl, and F. Korte, "Patterning new piezoelectric thin sheet materials for micro-valves and micro-pumps," *Actuator 2008: 11th Internat.Conf.on New Actuators*, June 9-11 2008.

[78] D. Clausi, H. Gradin, S. Braun, J. Peirs, G. Stemme, D. Reynaerts, and W. van der Wijngaart, "Microactuation utilizing wafer-level integrated sma wires," *Proceedings IEEE International Conference on Micro Electro Mechanical Systems (MEMS)*, 2009.

[79] *Einführung in die technische Strömungslehre*. Carl Hanser Verlag München, 1990.

[80] W. Basuki, "Verfahren zur Parallelfertigung von FGL-Mikroventilen." Diplomarbeit, Universität Karlsruhe, Institut für Mikrostrukturtechnik, 2005 nicht veröffentlicht.

[81] Y. Cheng, R. Truckenmülller, R. Ahrens, and T. Rogge, *Entwicklung und Herstellung einer chemisch inerten Mikropumpe*. PhD thesis, Universität Karlsruhe, 2005.

[82] R. Truckenmülller, "persönliche Mitteilung." 02.03.2007 unveröffentlicht.

[83] A. Lahousse, "Aufbau von biokompatiblen Mikroventilen." Diplomarbeit, Universität Karlsruhe, Institut für Mikrostrukturtechnik, 2009 nicht veröffentlicht.

[84] T. Cuntz, "Aufbau von Mikroventilen im Batch-Verfahren." Diplomarbeit, Universität Karlsruhe, Institut für Mikrostrukturtechnik, 2007 nicht veröffentlicht.

[85] M. Kohl, Y. Liu, and D. Dittmann, "A polymer-based microfluidic controller," *Proc. MEMS 04, Maastricht, The Netherlands*, no. 04CH37517, pp. 288–291, 2004.

[86] T. Grund, T. Cuntz, and M. Kohl, "Batch fabrication of polymer microsystems with shape memory microactuators," *Technical Digest MEMS 2008: 21st IEEE International Conference on Micro Electro Mechanical Systems, Tucson, Arizona, US*, pp. 423–326, January 13-17 2008.

[87] T. Grund, R. Guerre, M. Despont, and M. Kohl, "Transfer bonding technology for batch fabrication of SMA microactuators," *European Physical Journal - Special Topics*, vol. 158, pp. 237–242, 2008.

[88] Y. Liu, M. Kohl, K. Okutsu, and S. Miyazaki, "A TiNiPd thin film microvalve for high temperature applilcations," *Materials Science and Engineering*, vol. A, no. 378, pp. 205 – 209, 2004.

Schriften des Instituts für Mikrostrukturtechnik
am Karlsruher Institut für Technologie
(ISSN 1869-5183)

Herausgeber: Institut für Mikrostrukturtechnik

Die Bände sind unter www.uvka.de als PDF frei verfügbar oder
als Druckausgabe bestellbar.

Band 1   Georg Obermaier
Research-to-Business Beziehungen: Technologietransfer durch Kommunikation von Werten (Barrieren, Erfolgsfaktoren und Strategien). 2009
ISBN 978-3-86644-448-5

Band 2   Thomas Grund
Entwicklung von Kunststoff-Mikroventilen im Batch-Verfahren. 2010
ISBN 978-3-86644-496-6